◎ 田丽波　商桑　著

苦瓜白粉病抗性的生理基础、遗传机制及分子定位

U0306282

中国农业科学技术出版社

图书在版编目（CIP）数据

苦瓜白粉病抗性的生理基础、遗传机制及分子定位／田丽波，商桑著．—北京：中国农业科学技术出版社，2017.8

ISBN 978-7-5116-3212-8

Ⅰ．①苦⋯　Ⅱ．①田⋯②商⋯　Ⅲ．①苦瓜–白粉病–防治　Ⅳ．①S436.429

中国版本图书馆 CIP 数据核字（2017）第 189071 号

责任编辑	姚　欢
责任校对	马广洋

出 版 者	中国农业科学技术出版社
	北京市中关村南大街 12 号　邮编：100081
电　话	（010）82106636（编辑室）　　（010）82109702（发行部）
	（010）82109709（读者服务部）
传　真	（010）82106631
网　址	http://www.castp.cn
经 销 者	各地新华书店
印 刷 者	北京富泰印刷有限责任公司
开　本	710mm×1 000mm　1/16
印　张	7
字　数	180 千字
版　次	2017 年 8 月第 1 版　2017 年 8 月第 1 次印刷
定　价	35.00 元

前　　言

　　苦瓜（*Momordica charantia* Linn.）对白粉病的抗性是苦瓜露地和设施栽培及抗病育种的重要性状，其抗性的生理基础、遗传机制和 QTL 定位是尚未解决的重要科学问题。

　　本书首先为筛选抗白粉病的苦瓜种质，开展抗病育种，探讨苦瓜抗白粉病的生理基础，以 21 份来源不同的苦瓜种质资源为试材，连续 2 年鉴定白粉病抗病性，并从中选出 4 份抗性不同的材料，研究了相关生理生化指标的动态变化及叶片结构与白粉病抗性之间的关系；其次采用主基因+多基因混合遗传分离分析法对抗白粉病遗传进行研究；再次为了快速获取高质量的苦瓜基因组 DNA，以进行白粉病抗性基因分子标记研究，探究了苦瓜基因组 DNA 提取的最佳方法和取样的最适叶龄，对影响 ISSR-PCR 的主要因素进行了优化；然后采用多代自交的抗白粉病的野生型苦瓜和高感白粉病的栽培型苦瓜杂交产生的 F_2 分离群体为构图群体，采用 ISSR、SRAP 和 SSR 标记构建苦瓜分子标记遗传连锁图谱；最后，以 120 个 F_2 单株和 F_2 单粒传获得的 120 个 $F_{2:3}$ 家系为白粉病抗性性状调查群体，利用已构建好的苦瓜遗传图谱对白粉病抗性进行了 QTL 定位。

　　苦瓜白粉病能在苦瓜整个生育期发病，主要为害叶片，造成植株光合能力下降，使植株早衰，发病率几乎达到 100%，减产 20% 以上。田间施药，不仅影响果实品质和食品安全，并且会污染环境。长期高频率施药还会促进白粉病菌生理小种变异从而对农药产生拮抗作用，以至于增加防治难度，增加农户的生产成本。推广种植抗病品种是安全、环保和高效的防控策略。

　　常规育种实践中，培育抗白粉病苦瓜品种的难度较大：一方面选育周期长，需要经历多代杂交和回交等复杂的选择程序；另一方面白粉病的发生受到很多因素的综合影响，例如：温度、湿度和病菌生理小种等，鉴定抗性材料的过程不容易控制，需要专门的病圃进行接种鉴定，这些都增加了培育苦瓜抗病品种的难度。

　　分子育种将分子生物学技术应用于育种中，可以大大加快育种进程，显著缩短育种周期。分子育种通常可分为分子标记辅助育种和遗传修饰育种（转基因育种）。分子育种的前提是获得相关性状的功能基因或与其紧密连锁的分子标记。目的基因可以通过同源克隆技术、基因芯片技术、基因文库技术、差异表达技术、插入突变技术、图位克隆技术、酵母双杂交技术及功能蛋白组技术获得；质量性状的紧密连锁标记可以通过分离体分组混合分析法（BSA）获得，数量性状的紧密连锁标记需要通过 QTL 初级定位和精细定位找到。利用抗病的功能基因或与其紧密连锁的分子标记，开展分子标记辅助选择（Marker-assisted selection，MAS）育种，能够直接对基因型进行选择，可有效地在海量种质资源中快速鉴定抗病种质，可将多个抗病基因整合到一个品种，显著提高植物的育种效率和有效性，而且大幅度提高了品种抗病的力度和持久性，这对于培育出满足农户需求的苦瓜抗病新品种具有重要意义。基于此，本书作者从 09 年开始大量收集苦瓜种质资源，对苦瓜白粉病抗性及其相关性状进行了连续几年的田间和实验室鉴定，对苦瓜白粉病的抗性机制、遗传规律进行了深入研究，经过几年的研究最终对抗性基因进行了 QTL 定位。在此过程中，经历了两次重大台风的干扰，曾将费尽心思构建的群体实验材料毁于一旦，使研究的期限不得不延长了两年，本书的完成不可谓不艰难。完成本书的过程也使本书作者的科研能力得到了提升，发表了多篇论文，相继获得了两项国家自然科学基金项目的支持。本书将为使用分子标记培育抗白粉病苦瓜新品种、剖析苦瓜白粉病抗性形成的分子机制，为苦瓜重要性状基因克隆及 QTL 位点分析和遗传图谱整合奠定基础；对苦瓜的分子育种及葫芦科作物比较基因组学研究有重要意义。

　　本书对苦瓜的抗白粉病生理生化机制和遗传规律及分子标记定位进行了详细的阐述，可作为研究苦瓜或葫芦科植物的研究人员和研究生的参考用书。

　　本书的出版受到国家自然科学基金项目"苦瓜 SSR 标记开发、分子遗传图谱构建及白粉病抗性 QTL 定位"（31460517）、"基于染色体片段代换系的苦瓜白粉病抗性主效基因的克隆与功能分析"（31660570）的资助。

　　本书的完成还要感谢中国热带农业科学院作物品种资源研究所蔬菜研究中心提供的部分苦瓜种质材料；感谢海南大学热带农林学院热带地区蔬菜种质创新与高效栽培团队一直以来的支持；感谢曾经辛勤培育过作者的沈阳农业大学园艺学院的导师们和上海交通大学黄瓜课题组的老师们。

目　　录

1 绪论

1.1 苦瓜白粉病研究进展

苦瓜（*Momordica charantia* Linn.）是葫芦科植物苦瓜属的一年生攀缘草本植物。原产于亚洲热带地区，广泛分布于热带、亚热带及温带地区，在我国、印度、日本、东南亚都有悠久的栽培历史。近几年来，随着人们对苦瓜的营养价值和诸多食疗功效的重新认识，我国苦瓜生产开始发展迅速，栽培面积逐年扩大。

但随着规模化的生产，研究发现苦瓜白粉病已成为影响苦瓜生产的主要病害之一，该病害露地与设施栽培均可发生，尤以设施栽培发生更重。该病主要为害叶片，叶柄和茎蔓次之，果实很少感病。白粉病斑以叶片正面分布为主，逐渐向四周扩散，可连成不规则大病斑，严重时全叶或茎蔓上布满白粉。发病后期可在白粉层上产生很多黄褐色并逐渐变为黑色的小斑点，即病菌的闭囊壳。这些症状严重影响植株的光合作用，致使叶片变得脆硬干枯直至完全丧失光合能力，造成植株早衰，影响果实发育，显著降低产量，并使果实品质明显下降。

白粉病菌的种类多、分布广，目前在世界上已正式定名的大约有650多种。可引起瓜类蔬菜白粉病的有3个属的6种真菌，分别是二孢白粉菌 *Erysiphe cichoracearum* DC ex Mecat［*Golovinomyces cichoracearum* s. l.（Gc）］、普生白粉菌 *Erysiphe communis*（Wallr.）Link、蓼白粉菌 *Erysiphe polygoni*（DC）St-Am、多主白粉菌 *Erysiphe polyphaga* Hammarlund、鞑靼内丝白粉菌 *leveillula taurica*（Lev）Amaud 和单囊壳菌 *Sphaerotheca fuliginea*（Schlecht. Ex Fr）Poll［*Podosphaera xanthii*（Px）］均属于子囊菌亚门、核菌纲、白粉菌目（Kaur 等，1985）。据《中国真菌志：白粉菌目》记载，单囊壳白粉菌 *Podosphaera xanthii*（synonym *Podosphaera fusca*）和二孢白粉菌 *Golovinomyces cichoracearum*（synonym *Erysiphe cichoracearum*）是引起我国瓜类白粉病的两种主要病原真菌，其中，又以 *Podosphaera xanthii* 的报道较为常见，其分布比另外 5 种白粉菌要更加广泛，且危害性极大。单囊壳白粉菌是中国瓜类植物白粉病的优势种。目前，国际上对于引起瓜类作物发生白粉病的主要病原菌还没有一个统一的标准化命名。已发表文献对这些病原菌的命名包括：*Sphaerotheca fuliginea*、*Sphaerotheca fusca*、*Podosphaera fusca* 或 *Podosphaera xanthii*。研究人员基于扫描电镜和分子生物学实验结果，将 *Sphaerotheca* 属缩减为与 *Podosphaera* 同义，*Sphaerotheca fuliginea* 与 *Podosphaera xanthii*、*Sphaerotheca fusca* 同菌异名的观点已经得到了众多学者的接受（Cohen 等，2004；Braun 等，2001）。而 *P. Xanthii* 和 *P. Fusca* 可以通过有性世代形态分类进行区分，*P. xanthii* 具有的大子囊座和巨大孢子囊。但用此方法进行区分时存在一定问题，比如在自然条件下，尤其在热带、亚热带地区闭囊壳很少被观察到，尽管可以在实验室条件下诱导闭囊壳的产生，但无性繁殖所获得的子囊孢子不能引起瓜类的感染。研究人员已经获得了 ITS 序列的分子片段数据，但这些数据仍无法作为分子鉴定的确证。因此仍有很多研究人员认为 *P. xanthii* 是 *P. fusca* 的同义词（Mcgrath，2004）。

在不同国家、不同地区侵染瓜类的白粉病菌不一，而且同一种瓜类可感染不同种类的白粉病菌。目前已被命名的 *P. xanthii* 的生理小种有 11 个，即：0、1、2U. S、2France、3、4、5、N1、N2、N3、N4。*G. cichoracearum* 的生理小种有 2 个，即小种 0 和小种 1。目前采用的国际通用鉴别寄主有 13 种，分别为：Edisto 47、Iran H、MR 1、Nantais Oblong、PI 124111、PI 124112、PI 414723、PMR 45、PMR 5、PMR 6、Topmark、Vedrantais 和 WMR 29。根据这些鉴别寄主的抗感情况即可确定生理小种的类型（王娟等，2006）。*Sphaerotheca fuliginea* 和 *G. cichoracearum* 致瓜类发病所需的环境条件不同，前者在热带和亚热带的气候条件下（25~30℃），相对高湿度的环境下易发生，而后者在温带的干燥环境下易发生（15~25℃），但在半干旱条件下很少发生（Aguiar 等，2012）。通过显微观察分生孢子形态及分生孢子上有无纤维体可分辨白粉菌的种类。对 *P. xanthii* 和 *G. cichoracearum* 最实用的鉴定方法是：将新鲜瓜类白粉病菌涂抹于载玻片上滴 1 滴 3% 的 KOH 溶液，在 10×40 的显微镜下观察分生孢子是否有纤维状体，有纤维状体的为 *P. xanthii*（Vakalounakis 等，1994）。有时 *P. xanthii* 无成串的分生孢子，且无纤维状体，而萌发管也不呈叉状，但萌发管的宽度基本保持不变，*P. xanthii* 萌发管的平均宽度为（4.3±1.16）μm；*G. cichoracearum* 为（6.9±1.16）μm，可以此来区分（韩欢欢和谢冰，2012）。

苦瓜白粉病的抗性鉴定，大多数研究报道均采用苗期人工接种鉴定的方法，苗龄 1 叶 1 心到 3 叶 1 心不等，通过统计比较病情指数判断抗性表现。白粉病菌的具体接种方法主要有：摩擦接种法、风媒接种法、干孢子粉直接接种法、孢子悬浮液喷雾接种法、离体打孔叶盘接种法等。

苦瓜白粉病是由专性寄生菌单囊壳白粉菌（*Sphaerotheca fuliginea*）和二孢白粉菌（*Erysiphe cucurbitacearum*）引起的真菌病害（刘惠珍，2009），能在苦瓜整个生育期发病，主要为害叶片，造成植株光合能力下降，使植株早衰，发病率几乎达到100%，减产20%以上。田间施药，不仅影响果实品质和食品安全，并且会污染环境。长期高频率施药还会促进白粉病菌生理小种变异从而对农药产生拮抗作用，以至于增加防治难度，增加农户的生产成本。推广种植抗病品种是安全、环保和高效的防控策略。常规育种实践中，培育抗白粉病苦瓜品种的难度较大：一方面选育周期长，需要经历多代杂交和回交等复杂的选择程序；另一方面白粉病的发生受到很多因素的综合影响，例如：温度、湿度和病菌生理小种等，鉴定抗性材料的过程不容易控制，需要专门的病圃进行接种鉴定，这些都增加了培育苦瓜抗病品种的难度。

关于苦瓜白粉病抗性基因定位和克隆的研究并不多，主要研究对象为麦类作物。同时由于白粉病病原菌具有活体寄生的特点，使得其在实验室内无法通过营养培养基获得纯培养，给研究人员对它的遗传学和分子生物学研究带来诸多不便（柯杨等，2016）。

1.2 植物抗病的生理生化基础

苦瓜白粉病是一种发病迅速、危害性较大的专性寄生真菌病害，不仅为害苦瓜叶片，严重时对瓜、茎均有侵染，常造成植株早衰，白粉病是一种广泛发生的世界性病害，苦瓜每年都因白粉病的发生造成大量减产。不同植物的抗性机制差别较大，有的是被动抗病性如形态结构抗性，有的是主动抗病性如生理生化抗性（张荣意等，2009）。

1.2.1 植物抗病性的化学因素

在植物被病原菌侵染之前，某些健康植物体内含有一些抗菌性物质，如酚类、单宁、蛋白质、糖等，有的是抑制病原菌孢子萌发、生长，有的是病原菌和细菌水解酶的抑制剂，能抑制角质层、细胞壁被水解，从而保护了植物；有一些植物是通过新陈代谢途径来进行自我防护的，而新陈代谢又是通过相关的酶催化活动实现，酶活性增加与病情指数相关性高，而代谢过程中产生的中间产物或者终产物也成为衡量植物抗病性的参考指标；由次生代谢物质酚类化合物被植物体内的防御酶类氧化成为醌类化合物，能钝化病原菌的蛋白质、酶和核酸，并且酚类前体物质经过酶促反应可形成植物保卫素和木质素，从而提高了植物抗病性（张荣意等，2009）。因此，许多防御酶的活性与植物抗病性密切相关，在很多的植物中均有研究，且作为判断植物抗病性生理生化标准一项重要的指标，目前已在其他作物领域成为研究的重点。

苯丙氨酸解氨酶（PAL）是苯丙氨酸类代谢形成多种具有抗菌作用产物如酚

类物质的最重要的酶。对病原菌抗性不同的植物在受到病原物侵染或对植物进行人工接种某种病原物时，PAL 酶的变化也有很大差异。Manoranjan K（1976）研究发现，通常，植物受到病原菌侵染后，抗病品种中 PAL 活性的升高强于感病品种。邢会琴等（2007）发现，抗病品种 PAL 活性升高幅度显著大于感病品种，其变化与抗病性呈正相关。朱键鑫（2008）在不同抗感黄瓜品种叶片接种白粉病后也得到了相似的研究结果。

过氧化物酶（POD）是一种氧化还原酶，在植物体内普遍存在，它主要是催化过氧化氢与多种不同的氢供体发生氧化还原反应（Raa J. 等，1973），该酶在合成保卫素和细胞壁木质素中发挥较大的作用。王国莉等（2008）在苦瓜接种白粉病生理生化变化探讨中发现，健康与病株中 POD 活性都较高，接种后，POD 活性迅速上升，随侵染时间的增加，酶活性增加量与病情指数相关性也很高。李淼等（2005）研究了猕猴桃主栽品种对细菌性溃疡病的抗性机制中得出，品种未感染溃疡病菌前，芽中的 POD 酶活性与品种抗性无明显相关性，但溃疡病菌侵染后，抗病品种中酶活较感病品种提高数倍，而且病斑大小与酶活性呈正相关关系。而周克琴等（2003）在研究南瓜疫病时有相反结论，在不同抗性健株中，过氧化物酶活性差异不大，不同抗性病株中，POD 活性在感病材料中增长幅度大于在抗病材料，而且下降的速度也高于抗病品种。同时邢会琴等（2007）在研究苜蓿品种接种白粉病前后叶片中过氧化物酶的变化程度也发现，未接菌的感病品种 POD 活性显著高于抗病品种（$P<0.05$），接菌后，不同抗性品种的 POD 活性均升高，感病品种 POD 活性升高幅度显著高于抗病品种。王迪（2013）在研究甜瓜受白粉病菌侵染也发现了感病品种的 POD 活性要强于抗病品种。

多酚氧化酶（PPO）是酚类物质代谢的非常重要的酶，它促使内源酚类物质氧化生成醌类物质，通过醌类物质与促进木质素合成，从而来抑制病原菌繁殖和杀死病原菌而起到抗病作用（郭红莲等，2003）。有关 PPO 与植物抗病性关系的报道很多，张俊华等（2003）、丁九敏等（2005）研究发现一共同的结论，即植物受到病原物入侵后，体内 PPO 活性与植物的抗病性成正相关，王国莉等（2008）也发现在苦瓜健康植株中 PPO 活性不高，接种白粉病菌后随侵染时间延长活性增加剧增。在对不同抗性小麦品种接种白粉菌研究中发现，健康植株中 PPO 活性差异不大，接种白粉病菌后，PPO 活性升高，且 PPO 活性出现先升高后降低趋势的主要是易感品种（王宏梅等，2009），王伟等（2010）在葡萄叶片上接种白粉菌后研究结果与其他作物研究结果有相反的地方，其在葡萄叶片上接种白粉菌后发现 PPO 活性则呈下降趋势，但在后期略有回升。

超氧化物歧化酶（SOD）发生作用的结果是保护膜系统的完整性和植株健

康。朱键鑫（2008）在对黄瓜接种白粉病时研究表明，超氧化物歧化酶（SOD）是黄瓜对白粉病抗性相关的因子，不同抗性黄瓜品种叶片接种白粉病前后 SOD 活性不一样，抗病品种在接种白粉病菌后 SOD 活性迅速上升，幅度较大，活性值处在较高水平，抗性不同品种叶片中的 SOD 活性与抗病程度呈正的相关性。在小麦品种的病性研究时发现，接种后 SOD 活性与小麦的抗病性也是呈显著正相关关系（史国安等，2000）。王迪（2013）研究了 2 个甜瓜品种苗期受白粉病侵染后，抗病品种能快速得使细胞内 SOD 酶活性基本恢复到正常水平，其自我修复好酶活，启动应急机制的能力显著高于易感品种。

过氧化氢酶（CAT）也积极参与到了植物对病害的抗性当中。魏国强等（2004）研究结果则表明不同抗性的黄瓜品系对白粉病的抗性与植株组织中的 POD、PPO、CAT 等酶活性可能存在一定的正相关，因此与白粉病的抗性密切相关，白粉病病原真菌侵入黄瓜叶片后可引起黄瓜体内发生复杂的生理生化变化。王伟等（2010）在葡萄叶片上接种白粉菌后，在不同的天数取样，结果也表明，葡萄叶片感染白粉菌后，POD、CAT、PAL 的酶活性均高于未接种的健康叶片。

植物在遭遇病害侵染时，衡量其抗性的一个重要的生理指标是看其细胞质膜是否完整，丙二醛是膜脂过氧化作用的主要产物，因此，丙二醛含量的变化在一定程度上反映了质膜的完整性。王国莉等（2008）认为，丙二醛含量的变化与白粉病抗性的相关程度不高。而余文英（2003）、柯玉琴等（2002）研究结果则与江彤等（2006）的结果有相对立的观点，即植株染病后，感病品种的上升幅度远比抗病品种大。

活性氧的作用具有双重性，植物受到病原菌侵染时产生大量的活性氧（O_2^-），歧化为 H_2O_2 后，浓度达到一定大小时即对入侵的病原菌有杀灭能力；同时大量的活性氧对质膜的完整性有较大的影响。余文英（2003）在对甘薯疮痂病胁迫研究表明，两个健康的甘薯品种中 H_2O_2 量没有显著性差别。石延霞等（2008）、朱键鑫（2008）在黄瓜抗白粉病研究时也发现，接种白粉病后，叶片中过氧化氢（H_2O_2）含量均比对照有明显提高，且以感病品种的 H_2O_2 积累快。梁炫强等（2002）研究发现，抗黄曲霉病花生品种的 H_2O_2 比感病品种产生的速度快，含量高。在烟草品种抗青枯菌研究也有类似结论（柯玉琴等，2002）。

酚类物质能够合成对植物抗病性非常重要的木质素和植保素，因此其含量在植物抗病研究中经常作为一个非常重要的指标被研究（阚光锋，2002）。魏国强等（2004）认为黄瓜抗病品系的多酚类物质高于不抗的，这与棉花黄萎病（汪红等，2001）、油菜菌核病（官春云等，2003）研究得出的结果相一致。但是也有对立的观点，李淑菊等（2003）则认为各品系的健康黄瓜植株多酚类物质的含量与抗病性无关，后来产生的多酚类物质是用来抵御或消灭入侵的黑星病病菌。

同时，病原菌对抗感品种叶片中叶绿素含量和可溶性总糖、可溶性蛋白含量也有一定的影响。某些病害入侵会破坏叶片中的叶绿素或者会损坏叶绿素的合成途径，导致叶片中叶绿素质量分数减少，从而影响光合作用。刘会宁等（2001）研究发现对霜霉病不同抗性的健康葡萄品种的叶绿素含量与其相应的抗病性呈显著负相关，和一些人研究结论不同的是叶绿素含量越低的品种越抗病。在瓜类抗性研究上，黄瓜、甜瓜、苦瓜均有研究。王惠哲（2006）发现被白粉病菌侵染后叶绿素还能保持较高质量分数的黄瓜品种，对白粉病的抗性也越强，估计和叶片光合作用受到的影响较小，产生的光合产物多，植株生长势未受到较大影响有密切关系。一般情况下，被病害侵染后，叶片组织中的叶绿素质量分数会减少，如沈喜等（2003）的研究结果，而且叶绿素 b 比叶绿素 a 敏感，此结果与朱键鑫（2008）的研究相类似。王国莉（2008）对大顶苦瓜感染白粉病的发病过程和生理机制进行研究，叶绿素 a、b、总叶绿素含量随病情加重均下降，其中叶绿素 a、b 和总叶绿素含量变化与病情指数相关性很高，以叶绿素 a 含量变化相关性最高，当然，也有相反的结论，如李淑菊等（2003）则认为黄瓜对黑星病的抗性与叶绿素质量分数没有明显的相关性。在非瓜类作物上，叶绿素的含量与植物的抗感性也有研究，如徐秉良等（2005）与林晓萍（2005）共同发现对白粉病敏感性不同的健康苜蓿植株中叶绿素质量分数没有较大的差别，但被白粉病菌侵染后，病株的叶绿素质量分数下降较多和病情指数呈显著正相关关系，不同抗性品种叶绿素质量分数差异显著。刘亚光等（2001）则认为所有不同抗性大豆品种的植株在被灰斑病侵染的初期，叶绿素 a、b 和总叶绿素质量分数都下降，但是抗性较强的品种有其独特的调节机制，使侵染后期叶绿素 a、b 的质量分数明显高于自身对照植株，而感病品种的表现恰恰相反。

在植物遭遇逆境后，植物体内糖含量的变化也与植物的抗病性有一定的关系。调查发现植株含糖量愈高，抗病能力愈强，不同作物的抗感程度也不一样。对此，马奇祥（1992）对不同抗性小麦品种用根腐叶斑病菌接种前后可溶性糖含量做了比较，发现健康植株的可溶性糖质量分数差别不显著，病株中，感病品种较抗病品种的可溶性糖质量分数升高更为显著，景岚等（2008）的结论则正好相反，该研究认为被锈菌侵染的抗病向日葵品种叶片中的总糖质量分数高于感病的向日葵品种。

蛋白质在植物活动中是非常重要的分子物质，很多和抗性物质代谢密切相关的酶及抗性物质如泛素均为蛋白质。罗玉明等（2000）认为，从可溶性蛋白质量分数来看，越高其抗病性越强，这一研究结果与向日葵抗锈病的结论（景岚，2008）一致，但周博如等（2000）的研究结论则不同，被病菌侵染后，感病品种的可溶性蛋白质量分数呈倒 V 形趋势，而抗病品种的呈正 V 形趋势。

随着研究水平的不断提高，对病害抗性机制的研究越来越深入，如在拟南芥中，多聚半乳糖醛酸酶抑制蛋白（AtPGIPs）的空间分布和 AtPGIP 的表达可能参与抵抗匍柄霉 S. solani 的侵染（DI 等，2012），许多研究结果表明一些植物的 E3 泛素连接酶具有调控植物抗病性的功能，泛素化系统在植物抗病反应中的作用机制成为研究的重点（胡婷丽等，2014）。目前在植物中已经克隆到一些抗病基因，主要集中在模式植物如番茄、拟南芥中，这些抗病基因主要针对番茄叶霉病菌和丁香假单胞杆菌的病原菌。

1.2.2 植物抗病性的物理因素

植物在长期进化过程中，形成的物理抗病因素既有植物固有的被动的抗病外部防线，如蜡质的量多、气孔较小、角质层硬而厚、木栓层厚、叶片组织的紧密排列等（田丽波等，2013），植物不断地与病原菌互作，也形成了因病原物侵染和伤害导致的组织木质化、钙离子沉积等主动的物理抗病因素。国内外许多研究认为，植物组织的物理结构因素和抗病性有较大的关系。关于植物的抗病性与蜡质层的关系，目前在银杏、油菜、大豆、水稻、番茄等作物上均有研究。Johnston 等（1965）和 Ford 等（1993）认为银杏蜡质构成了抵抗病原物入侵的最外层重要防线；蒙进芳等（2006 a，b）研究叶表皮结构对华山松和茶藨子抗疱锈菌的作用得出的共同结论认为表皮厚度和角质膜厚度越厚，对疱锈菌的抗性越强；王婧等（2012）在研究油菜叶表皮蜡质的组分及结构时发现，蜡质可能是抗菌核病品种抵抗和延迟病原菌侵入的机制之一。在选用抗感不同的两种材料，蜡质含量也有所不同，李海英等（2002）在对大豆灰斑病抗病机制的研究中认为，对灰斑病的表现为抗性不同的品种蜡质含量差别较大，抗病品种的叶片蜡质含量较高，蜡质的多少与厚度是抑制和延缓大豆灰斑病病原菌侵入的一个外缘结构屏障；陈志谊（1992）的研究也表明水稻抗纹枯病品种的叶片蜡质含量明显多于感病品种；康立功等（2010）的研究认为，对番茄来说，叶片的蜡质层有抑制芝麻斑病菌穿透的屏障作用，蜡质含量显著的差别是区分抗病品种和感病品种的主要依据，一般来说，抗病品种蜡质量最高；郑喜清等（2007）研究了哈密瓜叶片蜡质含量及种子蜡质含量在对抗果斑病中的作用，种皮的蜡纸对抗病有积极的作用，但叶片蜡质含量与抗果斑病没有明显的相关关系。上述研究结果的主要结论是蜡质含量与植物抗病性呈正相关关系，也有少数研究结论呈相对立。

气孔不仅是植物气体扩散和水分交流的重要通道，气孔导度和密度与病原菌侵染植物的难易程度有重要关系，植物的结构特点等能直接影响病原菌的侵染状况

(Siwecki R. 等，1980)。大多数报道认为气孔密度小，角质层、木栓层厚，叶片组织排列紧密均有利于抵制病原菌侵入。朱键鑫（2008）硕士学位论文报道，黄瓜抗白粉病品种较易感品种的叶片组织细胞排列工整、致密，细胞壁完整且较厚，估计是黄瓜抗白粉病的机制之一。李海英等（2001）认为大豆抗感灰斑病品种的叶片茸毛密度差异不明显，但是叶片正反面的气孔密度是区分抗感病品种的一个重要指标，气孔密度较大，不利于大豆抵抗灰斑病。方树民等（2007）在研究花生疮痂病时发现抗性品种具有较厚的角质层，叶片气孔少。李森（2005）认为猕猴桃主栽品种中皮孔密度、长度和气孔密度、长及宽度是区分抗感品种的重要性状，通常抗细菌性溃疡病的品种这些指标都小于感病的品种。徐秉良等（2003）发现气孔密度大且蜡质层薄的草坪草品种抗禾草离蠕孢菌较差，结果与田丽波等（2013）研究结果相似。对苹果砧木的皮孔组织结构与抗轮纹病菌侵染能力和抗病性的相关性研究发现，抗性试材皮孔开裂较晚，封闭层多导致分层明显，补充组织多，栓内层细胞排列紧密，可有效的阻碍轮纹病菌孢子的入侵。感性试材的皮孔组织结构与之相反（孙月丽等，2011）。

1.3　瓜类植物白粉病抗性的遗传规律研究进展

目前，发达国家学者和专家在葫芦科蔬菜对白粉病抗性的遗传规律方面进行了广泛的研究。从目前已有的报道来看，对黄瓜抗白粉病的遗传规律研究的最多，但是不同学者得到的遗传规律有很大区别，有认为抗性是质量性状，有的认为是数量性状，还有的认为是质量—数量性状，各种观点如下：第一种观点认为抗性性状符合数量性状遗传特点，且由隐性的主效多基因或微效多基因控制（Barnes 等，1956；Kooistra 等，1968；Morishita 等，2003；张素琴等，2005；吕淑珍等，1995；Sakata 等，2006；刘龙洲等，2008；沈丽萍等，2011），支持这种观点的专家较多；另一种观点认为抗性是质量性状，并且由隐性单基因控制（张桂华等，2004；范海延等，2005）；第三种观点认为白粉病抗性由一对不完全隐性基因控制（Shanm ugasundarutn 等，1972）。还有一种观点是日本学者 Morishita 等（1971）发现的，黄瓜品种对白粉病的抗性从遗传上来讲不都是一致的，其遗传规律受温度的影响较大，也有一部分品种的遗传不受温度影响。在甜瓜的研究中既有认为白粉病抗性属于数量性状，用盖钧镒的数量性状遗传体系进行遗传分析的如咸丰（2010，2011），认为由 2 对主基因和多基因决定了甜瓜白粉病的抗性，也有认为抗性由一对显性基因控制（鸿马艳，2011）。

由上可见，白粉病的抗性遗传没有统一的定论，质量性状、数量性状归属也没有一致的答案。造成这种现状的原因，可能与研究所用的抗感材料不同有关，同时采用的白粉病类别不同，生理小种更是有较大的差异，接种的环境条件也不统一，采用的遗传规律计算方法也各不相同。目前国内外对苦瓜白粉病抗性遗传规律的研究较少，仅粟建文等（2007）利用完全双列杂交的遗传分析方法得到了苦瓜抗白粉病的性状遗传表现为数量性状遗传的特点的结论，但也没有明确致病的生理小种和环境因素对苦瓜抗白粉病的影响，米军红（2011）认为抗性由1对单隐性基因决定。因苦瓜的药用及食用价值的提升，需求量会越来越大，生产对抗性品种的需求也会越来越高，而某个性状遗传规律的研究和掌握，对育种者来说能取得事半功倍的效果，因此有必要在最近进行苦瓜对白粉病抗性规律相关内容的研究。

1.4 瓜类作物遗传图谱构建的研究进展

瓜类蔬菜作物的遗传作图及 QTL 定位工作开展于 20 世纪 90 年代中期，到目前报道的瓜类作物分子遗传图谱超过 30 个，主要集中在黄瓜（Kennard 等，1994；Serquen 等，1997；Park 等，2000；Bradeen 等，2001；张海英等，2004；潘俊松等，2005；Xiaozun 等，2005；Yuan 等，2008；Ren 等，2009；程周超，2010；Zhang 等，2012）、西瓜（Hashizume 等，1996，2003；范敏等，2000；Hawkins 等，2001；易克等，2004；Levi 等，2006）、甜瓜（Baudraccl-Arnas 等，1996；Perin 等，2002；Gonzalo 等，2005）等 3 种作物上。

1.4.1 黄瓜遗传图谱构建

随着分子标记技术在作物遗传图谱构建中的应用和发展，葫芦科瓜类作物的遗传图谱构建的工作也首先在国外相继展开。从 20 世纪 80 年代就已开始构建黄瓜遗传图谱。Knerr 等（1989）用 12 个同工酶位点构建了一张包括 4 个连锁群的黄瓜遗传图谱，图距为 215cM。Fanourakis 等（1990）用 11 个形态学标记构建出了包括 4 个连锁群的黄瓜遗传图谱，平均间距最小为 14.2cM。分子标记在葫芦科瓜类作物上，于 20 世纪 90 年代初开始应用，最开始是用于黄瓜分子遗传连锁图谱的构建工作当中。Kennard 等（1994）利用黄瓜的 F_2 作图群体，构建了一张遗传图谱，总长为 766cM，包含了 58 个位点，平均间距 13cM，共用了 RFLP 固定标记、RAPD 标记、同工酶及形态标记 4 种不同类型的标记。Serquen 等（1997）以 F_2 为作图群体，利用 77 个 RAPD 和形态标记构建了包括 9 个连锁群的黄瓜遗传图谱，覆盖 630.0cM，平均间距为 7.6cM。Park 等（2000）以 49 个黄瓜 F_6 重组自交系群体为作图群体，利用 AFLP、RFLP 和 RAPD 分子标记构建了包含 12 个连锁群、353 个位点的遗传图谱，全长 815.8cM、平均间距 3.1cM。

21 世纪初，黄瓜分子标记连锁图谱的研究进入到比较和整合阶段。Bradeen 等（2001）最早对黄瓜遗传图谱进行整合利用 AFLP 标记成功整合了 2 张图谱。但由于缺乏共同标记，未能进一步整合成 1 张图谱。李效尊等（2007）利用 F_2 群体，采用 SRAP、RAPD、ISSR、SSR 和 SCAR 共 210 个标记，成功构建了一张包括 7 个连锁群（与黄瓜的染色体对数能对应起来）的黄瓜分子标记遗传图谱，全长 1 101.7cM，总平均间距为 5.2cM，各连锁群平均间距是 4.7~6.4cM。李楠等（2008）分别利用黄瓜抗白粉病的 F_2 群体和抗枯萎病的 F_2 群体，构建了两张连锁图谱，总共用了 940 对 SSR 引物，成功的与原有的黄瓜抗病毒病遗传连锁图谱进行了整合，获得一张主要基于 SSR 固定标记的黄瓜遗传连锁图谱。整合好的黄瓜遗传连锁图包括了 10 个连锁组群，其中包含了 SSRs、AFLP、SCARs 等标记共 311 个，其中 SSR 固定标记为 35 个，连锁图谱总长度为 934cM，标记平均间隔 3.0cM，完全符合性状 QTL 定位的需要。

高饱和度遗传图谱的构建随着基因组重测序的进行，转录组数据的公布，大量固定标记的开发而降低了难度，成为可行。张海英等（2006）利用秋棚×欧洲八号的黄瓜重组自交系为作图群体，构建了一张包含 AFLPs、SSRs、RAPDs、SCARs 等 238 个标记，由 9 个连锁组群组成的黄瓜分子遗传图谱，总长为 727.5cM，标记平均间隔 3.1cM。任毅等（2009）构建了基于黄瓜基因组序列的一张高密度黄瓜 SSR 遗传图谱。该图谱包含 7 个连锁群，995 个 SSR 标记，覆盖 573cM，平均密度为 0.6cM。并利用荧光原位杂交技术成功将遗传图谱与细胞学图谱进行了整合。该研究还证明了黄瓜的 SSR 标记在甜瓜和西瓜基因组研究中具有一定的通用性。Zhang 等（2012）整合了自己实验室的 S94×S06 图谱和任毅等（2009）构建的 Gy14×PI183967 图谱，获得一张高密度黄瓜遗传图谱，包含了 1 369个位点，其中 1 152个 SSRs 固定标记，SRAPs（显性标记）有 192 个，21 个 SCARs 和 1 个 STS，全长 700.5cM，标记间平均间距为 0.51cM。

田桂丽等（2015）用黄瓜多蜡粉品系"PI183697"和少蜡粉品系"1101"，利用 2 个 F_2 作图群体分别构建了两张遗传连锁图谱，7 条连锁群与染色体均能对应，而且 128 标记均为共显性标记 SSR。同一年发表了利用全雌单性结实材料 EC1 和雌雄同株非单性结实材料 8419 杂交得到的部分 F_2 为作图群体，得到了一张符合黄瓜染色体对数（含有 7 条染色体）的、116 个标记均为固定标记 SSR 和 9 个 Indel 标记的黄瓜遗传连锁图谱，覆盖基因组长度为 802.9cM，标记平均距离 6.3cM（武喆等，2015）。

1.4.2　西瓜遗传图谱构建

目前已经构建了多张西瓜分子遗传图谱。Navot 等（1986）用西瓜野生种 BC_1 colocynthis L1 和栽培种 Mallali 杂交得到 F_2 群体，构建了一张包括 7 个连锁群，含 24 个位点（包括 22 个同工酶位点，一个果实苦性状位点和一个肉色位点）西瓜连锁图谱，全长 354cM。Hashizume 等（1996）利用非洲野生类型 SA-1 与栽培品种自交系 H-7 杂交产生的 BC_1 群体为材料，构建了一张覆盖基因组长度 524cM 的西瓜遗传连锁图谱，包括 4 种标记 62 个多态性位点，11 个连锁群组成。2003 年，Hashizume 等又利用上述两个亲本杂交获得的 F_2 群体构建了拥有 554 个标记的高密度西瓜，施用了 RAPD 标记、RFLP 标记、ISSR 标记和同工酶标记，共有 11 个连锁群，基因组长度 2 384cM。张仁兵等（2003）用栽培西瓜自交系 97103 和野生西瓜自交系杂交所得的重组自交系 F_8 作为构图群体，共 117 个单株，创建了一张含有 104 个标记，由 15 个连锁群组成的西瓜分子遗传图谱，全长 1 027.5cM，标记平均间距 11.54cM，主要采用了 RAPD 显性标记、ISSR 显性标记和 SCAR 固定标记共 3 种。

随着新型分子标记的开发，西瓜遗传图谱的绘制有了进一步的创新。邹明学等（2007）根据转录组序列结合基因组设计获得了 EST-SSR 和 SSR 引物，以西瓜重组自交系为作图群体构建了一个遗传连锁图谱，连锁群上标记间平均距离 6.977cM，并将此图谱与易克构建的遗传连锁图谱进行整合，形成了一个具有较多标记（194 个）的新图谱，整个遗传图谱总长度为 763.466cM，其中固定标记 SSR 和 EST-SSR 和 SCAR 标记共有 41 个，194 个标记分布在 17 个连锁群上。

随着基因组重测序技术的发展，西瓜 SNP 标记开发迅速增加，应用 SNP 转化为方便检测的 CAPS 标记，推动了西瓜高密度遗传图谱的构建。刘传奇等（2014）利用基因组重测序所得数据及已发布的基因组数据为参考，构建了覆盖基因组长度 1 484.3cM，标记间平均距离 15.46cM 的遗传图谱，96 个 CAPS 标记和 SSR 分布在 16 个连锁群上，平均每个连锁群上有 6 个标记，图距还较大，需要填充更多的标记，以提高图谱的饱和度。

1.4.3　甜瓜遗传图谱构建

Pitrat（1991）利用形态标记构建了包括 8 个连锁群的甜瓜遗传连锁图谱。Baudracco-Arnas 等（1994）利用 RAPD 和 RFLP 分子标记构建了甜瓜遗传图谱，77 个标记分布在 12 个连锁群上，每连锁群上分布的标记数不足 7 个，平均间距还较大。Perchepied 等（2005）以甜瓜重组自交系群体为材料构建了 AFLP 标记的由 36 个连锁群组成的甜瓜遗传图谱，全长 1 150cM，标记平均间距 4.2cM。

利用 EST 序列开发 SNP 标记有利于构建高密度的遗传连锁图谱。Deleu 等（2009）将 SSR、RFLP 标记和 200 个 EST-SNP 标记定位于甜瓜的遗传连锁图谱。马海财等（2010）用 F_2 单株为作图群体，构建了一张 196 个 SSR 标记位点的甜瓜遗传连锁图谱，新增加 48 个 SSR 标记，全长 806cM，平均间距 7.54cM，最小间距 1cM，最大间距 29cM。将 48 个 SSR 标记定位于甜瓜遗传图谱，可作为锚定引物与不同群体构建的甜瓜遗传图谱整合。盛云燕等（2011）以甜瓜重组自交系群体为材料，构建了包括 71 个 SSR 标记和 94 个 AFLP 标记，由 17 个连锁群组成的甜瓜分子遗传图谱，覆盖 1 222.9cM，标记平均间距 7.41cM。高美玲等（2011）以重组自交系群体为作图群体，应用 SSR 标记构建了包括 18 个连锁群的甜瓜遗传图谱，图谱长 937.1cM，标记平均间距 4.4cM。Garcia-Mas 等（2012）利用甜瓜基因组重测序结果，以杂交得到的双单倍体作图群体，构建了包括 602 个 SNP 标记的甜瓜遗传连锁图谱。

1.4.4 苦瓜遗传图谱构建

在葫芦科植物当中，苦瓜属于各种基础研究比较落后的一种作物，对于苦瓜抗病性状的遗传、抗病机制和分子生物学的研究都处于起步阶段。张长远（2008）用 SRAP 标记构建了苦瓜遗传图谱，Chittaranjan Kole 等（2012）构建了苦瓜的第一张遗传图谱，其中包括 108 个 AFLP 标记，5 个质量性状位点分布在 11 个连锁群，总长共 3 060.7cM，平均标记区间 22.75cM，二者都认为自己构建的苦瓜遗传图谱是世界上第一张，但从发表年份来看，张长远的更早一些，估计 Kole 等（2012）认为自己构建的是第一张图谱，是因为张长远构建的图谱是用中文发表的。Zisong Wang 等（2012）以苦瓜 F_{2-3} 群体为研究对象，构建了苦瓜的遗传图谱，该图谱包括 194 个位点组成的 11 条染色体上的 26 对 EST-SSR 位点，28 个 SSR 位点，124 个 AFLP 标记和 16 个 SRAP 标记。这个图谱的 12 个连锁群，覆盖 1 009.5cM，标记平均间距 5.2cM/marker。国内对苦瓜连锁图谱的构建以及相关性状位点的定位研究也不断增多。米军红等（2013）以苦瓜高抗白粉病的野生材料 MC18 和高感白粉病的苦瓜栽培种 MC1-2 构建 F_2 代分离群体，构建了 SCAR 标记的苦瓜分子连锁图谱（共 11 个连锁群，其中 LG1 连锁群由 18 个标记构成，遗传总长度为 1 676.7cM）。已构建的遗传图谱标记数量都没有达到饱和图谱的要求，还需进一步构建及完善构图群体和增加有效标记数量。

1.5 瓜类作物主要性状 QTL 定位及基因精细定位研究进展

近年来，分子标记技术的迅速发展大大促进了基因定位研究，分子标记发展首先促进了高密度遗传图谱的构建，而拥有较大密度的遗传图谱，是定位 QTL 位点的基础。瓜类作物近些年的测序工作进行的较快，基因组序列开发的很多，因此图谱密度在不断增加，尤其是拥有固定标记的图谱逐渐增加密度，对各种性状的 QTL 定位提供了良好的平台。

1.5.1 黄瓜主要性状的基因定位

Kennard 等（1995）用 RFLP 标记作图检测到 8 个 QTL，其中 5 个与黄瓜果长相关，3 个与果径相关。Serquen 等（1997）用 RAPD 标记 F_3 群体检测到多个黄瓜 QTL，其中 4 个与主茎长度有关，327 个与侧枝数有关，3 个与开花期有关，5 个与性别表现有关。陈青君（2003）利用 RAPD、SSR、AFLP 标记作图分析，检测到了分布在 3 个连锁群上的与黄瓜耐弱光性状有关的 5 个 QTL，其中 la-5 最大，为主效 QTL。

连锁群与黄瓜染色体相对应，能更好地将 QTL 精细定位到染色体上。李征（2007）筛选出黄瓜决定开单性花或两性花基因 M 基因连锁的分子标记，并精细定位了 M 基因。张圣平（2011）通过与高密度遗传图谱的比较分析及两侧翼 SSR 标记在染色体上位置的比对，将黄瓜苦味基因初步定位于 Chr. 5 上，再利用 SSR 标记和 InDel 标记最终进行精细定位。康厚祥等（2011）研究对黄瓜抗黑星病基因 Ccu 进行了精细定位。薄凯亮等（2013）对西双版纳黄瓜短下胚轴基因进行了精细定位。张鹏等（2013）利用简化基因组深度测序技术，对黄瓜白粉病主效抗性基因进行了精细定位和候选基因挖掘。杨绪勤等（2014）以华北黄瓜有瘤品系 S52（P_1）和欧洲无瘤品系 S06（P_2）为亲本，构建 826 株 F_2（S06× S52）群体为试验材料，对黄瓜果瘤基因 Tu 进行精细定位研究。

田桂丽等（2015）检测到 7 个与蜡粉量相关的 QTL 位点，在第 1、3、5 染色体上各检测到 1 个位点，分别为 WP1.1、WP3.1 和 WP5.1，在第 6 染色体上检测到 4 个位点，分别为 WP6.1、WP6.2、WP6.3 和 WP6.4，其中 WP5.1 和 WP6.2 2 个 QTL 位点在两季中均被检测到。张开京等（2015）发现 5 个控制西双版纳黄瓜多心室性状的 QTL，分别分布在 1、2、6 号染色体上，其中位于 1 号染色体上的 ln1.1 和 ln1.3 是控制多心室性状的主效 QTL。武喆等（2015）检测到 7 个与黄瓜单性结实相关的 QTL。

Sakata 等（2006）在 20℃ 和 26℃，分别检测到 3 个和 2 个白粉病性 QTL，分布在第 1、2、3、4 连锁群上，其中只有 1 个 QTL 在 20℃ 和 26℃ 均起作用。刘龙洲等（2008）在不同环境中检测到 4 个黄瓜白粉病抗性的 QTL（pm1.1、pm2.1、pm4.1、pm6.1），分布于连锁群 1，2，4 和 6 上。刘苗苗等（2010）检测到 4 个黄瓜白粉病抗性相关基因 QTLs，其中 pm3.1、pm3.2、pm3.3，均在第

3 连锁群即第 5 染色体上，还有 pm2.1 分布在第 6 染色体。张圣平等（2011）共检测到 4 个黄瓜对白粉病抗性的 QTL 位点。并通过所构建的 8 个连锁群分别与黄瓜的 6 条染色体对应，将 QTL 定位到染色体上。

1.5.2 西瓜主要性状的基因定位

范敏等（2000）利用区间作图法对果实性状进行 QTL 定位及遗传效应分析时检测到共 20 个 QTL 分布在不同连锁群上，其中 4 个与可溶性固形物含量相关、5 个与果皮硬度相关、2 个与果皮厚度相关、3 个与单果重相关、6 个与种子千粒重相关。易克（2002）在整合的西瓜遗传图谱上，对西瓜 4 个重要果实性状的基因进行了 QTL 定位，发现了 8 个与可溶性固形物质含量相关的 QTL、1 个与果实硬度相关的 QTL、5 个与单果重相关的 QTL、1 个与种子千粒重相关的 QTL，还获得了 8 个影响枯萎病抗性的 QTL。Hashizume 等（2003）利用构建的图谱对西瓜果皮硬度、果肉糖度、果肉颜色及外皮颜色等性状进行了 QTL 分析，分别定位到第 4、第 8、第 2 和第 3 连锁群上。郭绍贵等（2006）利用 3 年 2 点的果实可溶性固形物含量的数据进行了 QTL 定位，共定位了 18 个 QTL，分布在第 1、第 2、第 3、第 5、第 14、第 15 和第 19 连锁群上，主效 QTL 位点位于第 1 连锁群上。刘识（2014）定位了与中心和边缘总糖含量有关的 QTL 位点各一个，分布在第 3、第 12 连锁群上，还找到紧密连锁的标记 4 个。刘传奇等（2014）定位了 6 个西瓜果实相关性状的 8 个 QTL 位点和 1 对上位效应位点。

1.5.3 甜瓜主要性状的基因定位

朱子成等（2011）对甜瓜结实花初花节位开展 QTL 分析，共检测到 9 个 QTL，分别分布在第 1、9、10、11 连锁群上。张宁等（2015）检测到与总糖含量密切相关的 QTL 位点 1 个，与果糖含量相关的 QTL 位点 1 个。

Michel Pitrat（1991）研究发现了很多控制性状的基因的连锁关系，认为抗枯斑病基因（Fn）、抗白粉病基因（$Pm-w$）与抗蚜虫蚜传病毒基因（vat）具有连锁关系，还认为雄花两性花同株基因（a）、抗西葫芦黄色花叶病毒基因（Zym）、抗白粉病基因（$Pm-x$）连锁，抗甜瓜坏死斑点病毒基因（nsv）与抗白粉病基因（$Pm-y$）连锁。法国 Perin 等（2002）利用整合的遗传图谱，分别将 $Pm-x$、$Pm-w$、nsv 和 Pm 中的一个基因定位在第 II 连锁群、第 V 连锁群和第 XII 连锁群。法国 Perchepied（2002）发现了 2 个独立的甜瓜白粉病抗性主基因，分别位于第 II 与第 V 连锁群，Fukino（2008）在第 II 与第 XII 连锁群各发现一个抗白粉病位点，可能分别与 $Pm-x$ 和 $Pm-y$ 一致，Yuste-Lisbona 等（2010）将抗白粉病 QTL 定位在第 V 连锁群，Yuste-Lisbona 等（2011）利用 AFLP 分子标记技术从 TGR-1551 甜瓜上找到了抗白粉病生理小种 1、2、5 的连锁标记 MRGH5 和 MRGH63。

王贤磊（2011）对甜瓜抗白粉病基因进行了分析与基因定位研究，把控制安农二号对白粉病的抗性的显性基因（Pm-AN）定位于甜瓜第 V 连锁群两个共显性分子标记 RP W 与 MRGH63B 之间。张春秋（2012）根据黄瓜基因组信息、甜瓜 EST 数据和甜瓜基因组的部分信息获得了较多的 SSRs 标记，并找到了与 Pm-$2F$ 基因紧密连锁的分子标记，通过分析 F_2 群体完成了对甜瓜抗白粉病基因 Pm-$2F$ 的精细定位。宁雪飞（2013）对甜瓜白粉病抗性基因进行定位，将抗性亲本 PMR45 和 Km7 的抗性基因定位于 LGII，认为抗性亲本 HXC 含有两个位于 LG V 和 LGXII 上的抗性基因位点。王贤磊等（2014）研究了甜瓜 PMR5 抗白粉病基因的遗传定位，发现共有 11 个位于 LGII 的 SSR 分子标记与抗白粉病基因连锁，抗病基因位于标记 C′MUA36 和 SSR25208 之间约 104~113bp。闫伟丽（2014）以新疆甜瓜抗病与感病品种为研究对象，筛选与抗白粉病基因紧密连锁的分子标记，以定位抗白粉病基因，白粉病抗性基因被定位在甜瓜第 II 号连锁群上，且基本完全连锁。卢浩等（2015）以甜瓜感白粉病品种 Hami413 为受体亲本，抗白粉病品种 PMR6 为供体亲本构建的 255 株 BC_2 分离群体为材料，研究 PMR6 抗白粉病的遗传规律及基因定位。将该抗性基因定位于 12 号连锁群 SSR 标记 DM0191 与 CMBR111 之间；根据甜瓜基因组信息设计 SSR 引物，进一步将该基因定位于 SSR12407 与 SSR12202 之间，并且该抗性基因与标记 Mu7191 共分离；比对基因组序列，两标记间物理距离约 226kb，预测 35 个候选基因。

随着甜瓜、黄瓜基因组测序的完成，分子标记大量开发，其白粉病抗性基因的研究也得到了跨越式的发展。原先的白粉病抗性 QTL 初级定位所用的群体大小受到限制，因此无论怎样改进统计分析方法，也无法使初级定位的分辨率或精度达到很高，估计出的 QTL 位置的置信区间一般都在 10cM 以上（Alpert and Tanksley，1996），不能确定检测到的一个 QTL 中到底是只包含一个效应大的基因还是包含数个效应小的基因（Yano and Sasaki，1997）。因此为了更精确的了解数量性状的遗传基础，在初级定位的基础上，还必须对 QTL 进行高分辨率（亚厘摩水平）的精细定位。而为了精细定位某个 QTL，必须使用含有该目标 QTL 的染色体片段代换系（Chromosome Segment Substitution Lines，CSSL）或近等基因系（简称为目标代换系）与受体亲本进行杂交，建立次级实验群体。代换系只含有单个或少数导入片段，有效降低了遗传背景的干扰，是 QTL 遗传基础研究和分子机理研究的优异材料。目前已经建成的代换系群体主要集中于番茄和水稻上。其中番茄是最早用分子标记辅助选择构建单片段代换系的作物，也是目前应用代换系进行研究最深入的作物。早在 1994 年，Eshed 和 Zamir 在栽培番茄的遗传背景上，构建了一套覆盖野生番茄全基因组的代换系。利用这套代换系及其回交杂交种，Eshed 和 Zamir（1995）鉴定了 23 个控制番茄可溶性固形物含量的 QTL 和 18 个控制番茄大小的 QTL。将携带可溶性固形物含量 QTL 的代换系与受体亲本 M82 回交，获得 F_2 分离群体，通过一系列重组交换单株的代换作图将 QTL Brix9-2-5 定位到第 9 染色体上 9cM 的区域内（Eshed and Zamir，1996）。利用与 Brix9-2-5 紧密连锁的分子标记 CP44 和 TG225，进一步分析来源于 IL9-2-5（导入 Brix9-2-5 的近等基因系）与 M82 的 7000 个 F_2 单株，筛选到 145 个重组交换单株，通过重组交换单株的代换作图，最后将 Brix9-2-5 缩小到 484bp 范围内，并确定了候选基因为转化酶素 LIN5（Fridman 等，2000）。2004 年，Fridman 等克隆了该基因，并对该基因的部分功能进行了研究。结果显示，M82 等位基因编码的转化酶素蛋白在催化部位附近的一个氨基酸发生了突变，从而影响了蛋白酶的活性，最终导致糖分储存能力的下降。在甜瓜中，陈静（2015）以野生驯化的甜瓜品种 MR-1 为供体亲本，新疆优质品种皇后为受体亲本，结合 SSR 分子标记辅助选择的方法，经过一次杂交，四代回交，获得了含有以受体亲本为遗传背景的含有供体亲本整套染色体代换片段的甜瓜染色体代换系。李学峰（2010）利用野生黄瓜品系 PI183967 为供体材料，栽培黄瓜新泰密刺纯系为受体材料，以新泰密刺为轮回亲本，结合 SSR 分子标记筛选构建了野生黄瓜的代换系。上海交通大学黄瓜课题组的 Nie 等（2015）首次通过染色体片段代换系和回交分离群体精细定位了黄瓜感白粉病基因，并图位克隆，研究了该基因的功能。

1.5.4 苦瓜 QTL 定位

目前对苦瓜性状的 QTL 定位主要集中在果实的相关性状上，对其他抗生物胁迫与非生物胁迫性状的定位十分不足。Chittaranjan Kole 等（2012）利用构建的世界上第一张苦瓜遗传连锁图，将苦瓜果实 5 个质量性状位点定位在 11 个连锁群。张长远等（2008）利用混合线性复合区间作图法（MCIM）检测到苦瓜单株产量、单株结果数、果实纵径、果实横径、果肉厚、单果质量等 6 个数量性状的 QTL 位点各 1 个。Zisong Wang 等（2012）对 22 个数量性状进行 QTL 定位，检测到与苦瓜果实长度、直径、果肉厚度、果实形状、果实质量、结果数量和产量性状相关的 QTL 数量分别为 4 个、5 个、2 个、5 个、4 个、3 个、2 个。米军红等（2013）根据筛选得到的相关分子标记将苦瓜抗 P. xanthii 生理小种 1 基因初步定位到分子遗传图谱上。苦瓜（Momordica charantia L.）为葫芦科苦瓜属一年生草本植物，又名锦荔枝、癞葡萄、红姑娘等。苦瓜不仅有丰富的营养价值，而且有降血糖（Shetty A K. 等，2005）、抗菌、抗肿瘤、抗病毒（Szalai K，等，2005）、抗艾滋病等很高的药用功效（Hartley M R and Lord J M.，2004），是一种食药兼用的植物。近年来，随着人们对苦瓜的营养价值及诸多食疗功效的深刻认识，苦瓜的栽培面积逐年扩大，已成为海南省的支柱蔬菜种类之一。在苦瓜生产中，白粉病是最为严重的病害之一。上述对苦瓜白粉病抗性基因的遗传和定位研究表明，苦瓜对白粉病的抗性由多个基因共同决定，而且抗性基因表现为隐性效应，这些因素增加了抗病基因精细定位和分离的难度。由于苦瓜白粉病对苦瓜产业影响很大，但还未有该抗病基因克隆和分子机制研究的报道，已获得的连锁标记数量和遗传距离还不够理想，初级定位的精度还不足以将数量性状确切地分解成一个个孟德尔因子，不利于分子标记辅助育种的开展，阻碍了抗病品种分子育种的进程。因此，在初级定位的基础上还必须寻找与抗病基因更加紧密连锁的分子标记，进行高分辨率（亚厘摩水平）的精细定位，对其进行分离与克隆，以及抗病基因功能分析与验证，研究其抗性的调控网络，这不但能够揭开苦瓜白粉病抗性的分子机制，也为其抗病分子育种提供良好的技术支撑。

1.6 瓜类作物标记引物的开发

1.6.1 黄瓜

Fazio 等（2002）开发出一套黄瓜分子标记包括 110 个 SSR 标记、4 个 SCARs 和 2 个 SNP，并优化了 PCR 反应的条件。李效尊等（2007）通过克隆测序，共获得了黄瓜 SCAR 标记 118 个，经检测验证，有多态性的引物比例达 10% 以上，开发效率较高。

从 GenBank 公布的甜瓜 EST 中查找 SSR，为黄瓜分子标记的开发提供了高效的实用工具。胡建斌等（2008）利用 NCBI 网站下载黄瓜 EST 序列及对黄瓜叶片 cDNA 文库测序研究所得的 EST，得到 784 个 SSR，分布于 673 条 EST 中，设计了 30 对 EST-SSR 引物具有较好的多态性和可用性对 22 份黄瓜材料。2009 年胡建斌等对黄瓜叶绿体基因组（cpDNA）全序列中微卫星（cpSSR）的分布特征进行了全面分析，设计了 6 对引物，都能在甜瓜、西瓜、葫芦和栝楼中通用。段紫英等（2012）从葫芦科基因组数据库下载黄瓜 EST，经处理获得非冗余 EST，成功设计了 9 145对黄瓜 EST-SSR 引物其中仅 2 对引物能检测到多态性。随着分子标记的发展，InDel 将为黄瓜标记开发的有力工具。李斯更等（2013）基于黄瓜基因组重测序结果，搜索 InDel 位点，设计出 InDel 引物 134 对，116 对引物充分揭示出 16 份种质的多样性和特异性。

1.6.2 西瓜

邹明学等（2007）利用基因组 SSR 引物 36 个筛选出有多态性表现的 SSR 引物 31 对，根据查找 EST 数据库得到了 79 对 EST-SSR 引物对。包文风等（2011）对公共数据中的 8 619 条西瓜 EST 序列进行处理和分析，获得 202 个 EST-SSR，分布在 191 条 EST 序列中，获得了 16 对有效的扩增引物。刘鹏等（2014）利用合成源于黄瓜、甜瓜和西瓜的 60 对 SSR 标记有接近一半的标记能在 8 种常见葫芦科作物中都得到有效扩增，在 5 种及 5 种以上物种中有扩增的引物达到 38 对，表明这三种瓜类 SSR 标记在葫芦科作物中有良好的穿梭性。薛莹莹等（2014）以根结线虫抗病西瓜材料"红籽瓜"和感病西瓜材料"ZDPI0006"为试材，根据西瓜 NBS 保守区设计简并引物及特异引物 50 对。

1.6.3 甜瓜

黄琼等（2008）筛选出扩增带型清晰、多态性丰富的 SRAP 引物组合 14 对。胡建斌等（2009）利用 GenBank 甜瓜 EST 数据库，搜索 SSR，设计了 30 对 EST-SSR 引物，分别对 33 份甜瓜自交系进行了 PCR 扩增，24 对引物能够扩增出期望长度的条带，22 对引物产物表现多态性，平均每对引物能检测到 2.73 个等位基因。赵光伟等（2010）发现 294 条 SRAP 引物中有 6 条引物在白粉病抗病与感病池间表现出多态性。王士伟等（2010）研究基于单核苷酸多态性的甜瓜枯萎病抗性基因 Fom-2 功能性分子标记开发与利用，通过基因克隆和序列比对获得 3 个厚皮甜瓜 F_1、F_2 代群体单核苷酸多态性位点，筛选得到特异性的扩增引物对 CAPS-2F 与 CAPS-2R、CAPS-3F 与 CAPS-3R，AS-PCR 特异性引物 2-3F1 与 2-3R1 引物对。王东（2012）开发了一种适合于甜瓜属的新的分子标记—IRAP标记。

1.6.4 苦瓜

王书珍等（2009）利用亲和素标记探针构建了部分 cDNA 克隆文库，并通过磁珠富集法分离 SSR 序列片段与载体相连后进行转化克隆，再用 PCR 检测和蓝白斑筛选法挑取了 133 个阳性克隆并进行测序，设计引物 33 对，得到了 12 对具有多态性的 SSR 引物。汪自松等（2012）也开发了 9 个黄瓜和 7 个甜瓜的 EST-SSR 标记，10 个十字花科的 EST-SSR 标记。

2 苦瓜种质资源白粉病抗性鉴定及抗性的生理基础

瓜类白粉病是一种广泛发生的世界性病害。在我国，冬春保护地和夏秋露地苦瓜生产中每年都因白粉病的发生造成大量减产。特别是随着设施栽培的发展，该病的为害越来越严重，田间发病率达到100%。因此，广泛收集苦瓜种质资源，建立快速、准确的白粉病抗病评价方法，从而选育优良抗病品种，是克服白粉病为害的安全、经济且有效的途径。

对种质资源进行白粉病抗性鉴定，主要有人工接种和田间自然发病鉴定2种方式（Sakata Y. 等，2006；咸丰等，2011）。但田间自然发病鉴定结果受环境因子、病原菌种类、数量差异等因素影响，而人工接种鉴定基本上避免了这些因素的干扰，结果更为可靠（刘普等，2014）。鉴于白粉病的抗性评价方法较少，一些学者也从形态结构和生理生化特性等方面提出了植物抗白粉病的辅助鉴定指标，如抗感品系气孔密度的差异（颜惠霞等，2009），在番茄（康立功等，2010）、大豆（李海英等，2002）、水稻（陈志谊，1992）、甘蓝型油菜（王婧等，2012）、野生大豆（史凤玉等，2008）、哈密瓜（郑喜清等，2007）等多种作物的研究结果都表明，蜡质含量与植物抗病性呈正相关关系。接种后抗感品种中 PAL（董毅敏等，1990；李明岩等，2007）、PPO（董毅敏等，1990；李明岩等，2007；魏国强等，2004）、CAT（王迪，2013）、POD（魏国强等，2004）、叶绿素含量（颜惠霞等，2009）、酚类物质（魏国强等，2004）、MDA（王迪，2013）含量和活性的变化与抗病性密切相关，认为苯丙氨酸解氨酶（PAL）、过氧化物酶（POD）和多酚氧化酶（PPO）可促进多酚氧化、木质素、绿原酸、黄酮类和植物保护素的合成与代谢，使细胞壁栓化和木质化，增强植物的抗病性（李靖等，1991；李淑菊等，2003；朱莲等，2008；李明岩等，2007）；超氧化物歧化酶（SOD）、过氧化氢酶（CAT）、抗坏血酸过氧化物酶（APX）对清除植物体内活性氧和维持活性氧正常水平有重要作用（Marie Garmier 等，2002）。许多学者的研究结果可以归纳为：①抗性物质或酶活性与抗病性呈正相关，如黄瓜对白粉病的抗性与很多酶活性及生理生化物质的质量分数密切相关，酶活性与抗病性存在一定程度的正相关（魏国强等，2004）；②抗性物质或酶活性与抗病性负相关，如油菜白粉病抗性与 POD 活性的关系（邵登魁，2006）；③抗性物质或酶活性与抗病性没有明显的相关性（邵登魁，2006）。以上研究结果不仅为植物白粉病的抗性研究提供了辅助的鉴定指标，在种质资源接种白粉病的早期即可预测对白粉病的抗性水平，提高了育种工作效率，而且也初步探讨了植物对白粉病的抗性机制。

与其他植物相比，苦瓜的白粉病抗性种质的筛选及白粉病抗性与叶片结构、防御酶活性及相关生理生化物质之间的关系的研究还鲜见报道，本试验连续 2 年通过人工接种白粉病菌对来源于不同国家和地区的 21 份苦瓜种质资源进行了抗病性鉴定。从中选用 4 份抗性不同的种质，测定了叶片结构和接种白粉病菌前及接种后不同时期的防御酶活性和相关生理生化指标，结合病情指数做一元线性相关分析，旨在筛选抗性种质，分析苦瓜叶片结构及防御酶活性和相关生理生化指标的动态变化和白粉病抗性的关系，探讨苦瓜抗白粉病的生理生化基础，为合理利用苦瓜种质资源以及开展抗病优质苦瓜品种选育提供理论依据。

2.1 材料与方法

2.1.1 材料

供试 21 份苦瓜品系材料来源于不同国家和地区。供试白粉病菌（*Podosphaera xanthii*）采自海南屯昌苦瓜种植基地的白粉病病株。

2.1.2 方法

2.1.2.1 不同品系苦瓜的抗白粉病能力鉴定

2009 年 10—12 月和 2010 年 10—12 月分别将经温汤浸种催芽后的 21 份苦瓜种子播于 50 孔穴盘中，1 穴 1 粒，以灭菌的营养土为栽培基质，在海南大学园艺园林学院的温室内育苗。每品系重复 3 次，每重复 20 株。随机区组排列，其中 10 株用来测定生理生化指标，10 株用来测定病情指数。

将采集的白粉病菌单斑分离纯化后，接种于感病苦瓜品系 25-1 幼苗植株上，光照培养箱（温度 18~23℃，湿度 70%~80%）培养。从感病的苦瓜幼苗上采集病叶，刷取孢子配成接种液，分生孢子浓度为每毫升 $10^4 \sim 10^5$ 个孢子。

苦瓜幼苗 2 叶 1 心时用小型手持喷雾器将接种液均匀地喷于苦瓜的 2 片真叶上，接种后置于相对湿度 70%~80%、光线充足的温室内正常管理。接种后 16d 调查发病情况。病情级别的划定参考 SAKATA 等（2006）和粟建文等（2007）的方法。

病情指数（DI）计算公式：

$$病情指数 = \frac{\Sigma（各级病叶数×相对级数值）}{（调查总叶数×9）} ×100$$

判定标准：DI<25，高抗（HR）；25≤DI<45，抗病（R）；45≤DI<65，中抗（MR）；65≤DI<80，感病（S）；DI≥80，高感（HS）。详见表2-1。

表2-1 苦瓜白粉病病情分级标准

Table 2-1 Classification criteria of bitter powdery mildew disease

病级 Disease level	病症 Disease symptoms
0	无病斑 Without disease spot
1	少量细小模糊的白粉斑，病斑面积占整个叶面积的5%以下 Little and fuzzy powdery mildew spot, below the 5% of leaves
3	白粉层薄，病斑面积占整个叶面积的6%~10% Thin powdery mildew, 6%~10% of the leaves
5	白粉层较厚，病斑面积占整个叶面积的11%~20% Thick powdery mildew, 11%~20% of the leaves
7	白粉层厚，病斑面积占整个叶面积的21%~40% Thick powdery mildew, 21%~40% of the leaves
9	白粉层厚，病斑面积占整个叶面积的40%以上 Thick powdery mildew, above 40% of the leaves

2.1.2.2 不同品系苦瓜的叶片结构、防御酶活性和相关生理生化指标质量分数测定

对21份苦瓜种质资源在接种后16d进行生理生化指标测定。根据抗性鉴定结果，选用4个对白粉病抗性不同的苦瓜品系04-17-3（抗病）、08-36H（抗病）、03-81（感病）、25-1（高感）为试验材料。2013年1月选用无病种子，浸种催芽后种植在装有灭菌土的营养钵中，每钵1株，每品系重复3次，每重复50株，于自然光照培养至2叶1心，进行人工接种白粉病菌，每品系另设不接种对照（共100株，其中50株作为生理生化指标测定用，另50株用于叶片结构测定），放置于条件相同的温室隔离培养。于接种前及接种后5d，10d，15d，20d取各供试苦瓜品系第2片真叶测定各生理生化指标。

（1）叶绿素、可溶性蛋白质量分数的测定参照李合生（2000）的方法，可溶性糖、抗坏血酸质量分数测定参考张宪政（1994）的方法。多酚类化合物、黄酮类化合物总量测定参考葛秀秀（2001）的博士学位论文。

（2）APX酶液提取参考Dalton等（1996）的方法，略作改动。取鲜质量为1g的苦瓜叶片，加5mL酶提取液即50mmol/L PBS缓冲液，pH值7.8，其中含有2mmol/L AsA和5mmol/L EDTA，注意要现用现配，在冰浴的条件下研磨成匀浆，4℃条件下，10 000r/min，离心20min，取上清酶液定容于10mL容量瓶，即

为 APX 酶粗提液，冰浴，待用。

APX 活性测定参照 Nakano 和 Asada（1981）的方法，以每分钟 A_{290} 变化 1.00 为 1 个酶活性单位（U）。

POD、SOD、CAT、PPO 和 PAL 酶液提取参照 MOERSCHBACHER 等（1989）的方法。称取 1g 苦瓜叶片，放入预冷的研钵中，加入 2mL 提取液 [0.1mol/L 硼酸钠缓冲液（pH 值 = 8.8），内含 5mmol/L 巯基乙醇，1mmol/L EDTANa₂]，0.1g 聚乙烯吡咯烷酮及少许石英砂，冰浴研成匀浆，转入离心管，再用 2mL 提取液冲洗研钵及研棒，然后一并转入离心管，4℃ 12 000r/min 离心 20min。上清液定容至 10mL 容量瓶，即为 SOD、POD、PPO、CAT 和 PAL 酶粗提液，置于 -20℃ 冰箱中保存备用。

POD 活性测定参照李合生（2000）的方法。酶活性测定的反应体系包括：0.05mol/L 磷酸缓冲液 2.9mL，2% H_2O_2 1.0mL，0.05mol/L 愈创木酚 1.0mL 和 0.1mL 酶液。用煮沸灭活的酶液为对照，反应体系配好后，于 34℃ 水浴中保温 3min，然后迅速稀释 1 倍，470 nm 波长下比色，每隔 1min 记录 1 次吸光度，以每分钟内 A_{470} 变化 0.01 为 1 个酶活性单位（U）。

SOD 活性测定参照李合生（2000）的方法。

$$SOD\ 总活性 = \frac{(A_{CK} - A_E) \times V}{\frac{1}{2} \times A_{CK} \times W \times V_t}$$

式中：SOD 总活性以鲜重酶单位每克表示；A_{CK} 为照光对照管的吸光度；A_E 为样品管的吸光度；V 为样品液总体积，mL；Vt 为测定时样品用量，mL；W 为样鲜重，g。

CAT 活性测定参照 CAKMAK（1992）的方法。

PAL 活性测定参照李合生（2000）的方法。

PPO 活性测定参照李靖（1991）的方法。

$$酶活变化率（\%） = \frac{（接种后供试品系叶片酶活 - 对照植株叶片酶活）}{对照植株叶片酶活} \times 100，$$

正值即为增幅，负值为降幅。

（3）气孔密度：采用水合氯醛法测定（李海英等，2001）。每个品系在幼苗两片真叶完全展开时取植株同一部位叶片 10 个，每个叶片分不同部位测量，取平均值。

茸毛密度：采用火棉胶法（李海英等，2001）测定，采样方法同气孔密度。

叶片组织细胞结构特征：结构观察采用石蜡切片法。待幼苗两片真叶完全展开时，在叶片的中间位置取样，切成（5~7）mm×（3~5）mm 的小片为试验材料，每个品种重复 50 次，取平均值。采用常规的石蜡切片方法，经过固定、脱水、透明、浸蜡、包埋、切片、粘片、染色、封固等程序，在 Nikon Eclipse 80i 型高级研究型正立荧光显微镜上观察并拍照。用物镜测微尺测量了叶片横切面的叶片厚度、上表皮厚度、栅栏组织厚度、海绵组织厚度、下表皮厚度。叶片结构紧密度（CTR）、疏松度（SR）的计算，参考简令成（1986）的方法并略作修改。

$$结构紧密度（CTR）（\%）= \frac{栅栏组织厚度}{叶片厚度} \times 100$$

$$疏松度（SR）（\%）= \frac{海绵组织厚度}{叶片厚度} \times 100$$

蜡质含量：每个品系的新鲜叶片称重后，剪碎，放入 40mL 的氯仿中浸泡 1min，把溶液过滤到已知重量的烧杯中，在通风橱中使氯仿挥发完毕，再次称重，减去烧杯重量，可换算出蜡质含量（g/mg 鲜叶重），即以单位鲜叶重计算蜡质含量，每个品种重复 50 次，取平均值。

比叶重 用叶面积仪测量新鲜叶片的面积后，把叶片放在烘干箱中干燥，待彻底干燥后取出测干叶重，每份材料重复 50 次，取平均值，计算单位面积干叶重，即比叶重（mg/cm²）。

2.1.3 数据分析

各品系苦瓜的抗病性以 2009 年和 2010 年的病情指数的平均值来划定。采用 Excel 软和 SAS 9.1.3 软件进行差异显著性多重比较和标准误、平均值、变异系数的计算，并用该软件对 2009 年和 2010 年苦瓜种质资源的抗白粉病能力进行一元线性相关分析。用 SAS 9.1.3 软件分别对病程内各个时期的不同抗性品系苦瓜的未接菌对照的测定指标、接菌处理的测定指标及其变化率以及苦瓜叶片结构的各个测定指标与其病情指数之间进行一元线性相关分析，统计指标采用皮尔逊（Person）相关系数 r，r 为正值时表示正相关；r 为负值时表示负相关。

2.2 结果与分析

2.2.1 不同苦瓜种质资源的抗白粉病能力

由表 2-2 可知，不同品系苦瓜对白粉病抗病能力存在明显的差异，其中，表现抗病的材料有 06-16、04、04-36-H、27、08-36H 和 04-17-3，占所有供试苦瓜材料的 28.57%；07-14、07-13-2、26-6-1、04-28、04-26 和 26-5 等材料对白粉病表现为中抗，占 28.57%；06-18-1、26-2、07-11、04-36-B、

21-1-1、03-81 和 07-15 等材料表现为感病，占鉴定材料的 33.33%；05、25-1 对白粉病表现为高感，占鉴定材料的 9.53%。21 份供试材料中未出现对白粉病完全免疫类型和高抗资源。21 份材料在 2009 年和 2010 年的病情指数的一元线性相关系数（$r=0.89$），达到了极显著水平，说明材料在 2 年间表现基本一致，对白粉病的抗性比较稳定。从中选出 4 份抗性不同的苦瓜材料，病情指数差异显著（$P<0.05$），其中，苦瓜品系 04-17-3 和 08-36H 的病情指数极显著地低于品系 03-81 和 25-1，04-17-3 和 08-36H 的病情指数分别为 28.02 和 35.05，按照病情分级标准属于抗病（R），而 04-17-3 品系的病情指数与高抗品系的分级标准较为接近，抗病性最好，品系 03-81 和 25-1 的病情指数分别为 69.14 和 80.72，分别属于感病（S）和高感（HS）。04-17-3 接种白粉病菌后发病速度较其他 3 份材料最慢，感病最快且发病最严重的是 25-1，接种后 3~4d 即可在叶背面发现白色小病斑，然后在叶正面很快可观察到白色病斑，其他两份材料介于这二者之间，4 份供试材料抗性的差异反映了其基因型的差异。

表 2-2　21 份苦瓜种质资源来源地及其抗病性

Table 2-2　The origins of 21 germplasm resources and their resistance

资源 Germplasm resources	来源地 Origin	病情指数 Disease index		抗病性 Resistance
		2009 年	2010 年	
06-16	广东 Guangdong	36.02±0.40 hG	53.70±0.40 fF	抗（resistance）
26-6-1	台湾 Taiwan	50.51±1.83 fEF	43.75±1.08 iI	中抗（moderate resistance）
06-18-1	福建 Fujian	65.74±0.83 cdC	65.56±2.64 deDE	感病（susceptible）
07-13-2	海南 Hainan	59.71±1.40 eD	38.89±0.56 jJ	中抗（moderate resistance）
05	海南 Hainan	85.18±1.49 aA	76.00±0.99 bB	高感（high-susceptible）
26-2	台湾 Taiwan	65.06±0.88 cdC	65.18±0.78 deDE	感病（susceptible）
25-1	广东 Guangdong	80.54±3.17 bB	80.89±0.36 aA	高感（high-susceptible）
07-14	海南 Hainan	59.11±1.00 eD	48.61±0.41 ghGH	中抗（moderate resistance）
04-36-B	广东 Guangdong	65.30±1.00 cdC	66.18±0.64 dDE	感病（susceptible）
04-36-H	广东 Guangdong	30.16±1.06 jHI	29.82±0.56lmL	抗（resistance）
04	广东 Guangdong	31.14±1.09 ijHI	35.17±1.06 kK	抗（resistance）
04-26	海南 Hainan	51.31±0.55 fE	63.17±0.46 eE	中抗（moderate resistance）
26-5	台湾 Taiwan	46.41±0.63 gF	47.37±0.63 hH	中抗（moderate resistance）
21-1-1	湖南 Hunan	63.13±1.02 dCD	67.25±0.83 dD	感病（susceptible）
07-15	海南 Hainan	66.67±0.85 cdC	66.68±0.81 dDE	感病（susceptible）
07-11	海南 Hainan	66.83±0.85 cC	64.91±0.57 deDE	感病（susceptible）
27	日本 Japan	31.58±0.80 ijGHI	29.91±0.66 lL	抗（resistance）
04-28	广东 Guangdong	50.41±0.57 fEF	50.97±1.16 gFG	中抗（moderate resistance）

（续表）

资源 Germplasm resources	来源地 Origin	病情指数 Disease index		抗病性 Resistance
		2009 年	2010 年	
03－81	广东 Guangdong	67.01±0.65 cC	71.27±0.61 cC	感病（susceptible）
08－36H	日本 Japan	34.33±0.67 hiGH	35.76±0.70 kK	抗（resistance）
04－17－3	斯里兰卡 Sri Lanka	28.82±0.50 jI	27.22±1.21 lnL	抗（resistance）

注：小写和大写英文字母分别表示材料间在 0.05 和 0.01 水平存在显著性差异，下同

Note：Lowercase and capital letters means significantly different among materials at 0.05 and 0.01 level, respectively. The same as below

2.2.2　苦瓜不同种质各性状的多样性和多元方差分析

对 21 份供试材料 16 个性状的多样性进行分析（表 2-3），结果表明，16 个性状的平均变异系数为 40.79%，其中 APX 活性的变异系数最大为 77.88%，变幅为 23.81～324.68 U/（min·g FW），其次为 POD 活性和可溶性糖含量，变异系数分别为 77.06% 和 66.71%，总多酚类物质含量变异系数最小为 11.96%。16 个指标在不同材料之间表现出了极显著的差异（$P<0.01$），变异度很大，说明了不同种质资源有很好的遗传多样性，16 个指标都可以作为苦瓜白粉病抗性评价的指标。

表 2-3　供试材料各指标变异情况和多元方差分析

Table 2-3　Variations of indexes in the tested materials and multivariate analysis of variance

性状 Characters	均值 Mean value	最大值 Maximum	最小值 Minimum value	极差 Range	方差 Variance	标准差 Standard deviation	变异系数 （%） Coefficient of ariation （%）	F 值 F value
x1	52.27	80.71	28.02	52.69	228.36	15.11	28.21	5.12 **
x2	9.24	13.01	5.05	7.96	4.34	2.08	22.55	8.20 **
x3	12.13	28.22	6.67	21.55	22.55	4.75	39.16	127.62 **
x4	88.75	324.68	23.81	300.86	4 776.58	69.11	77.88	27.83 **
x5	65.12	110.41	29.63	80.78	429.93	20.73	31.84	3.10 **
x6	6.68	23.44	2.71	20.72	26.47	5.14	77.06	3.96 **
x7	9.70	19.67	4.06	15.61	34.00	5.83	60.09	154.61 **
x8	3.63	5.94	2.25	3.69	1.69	1.30	35.85	1 491.16 **
x9	1.16	1.98	0.66	1.32	0.18	0.42	36.42	4 494.33 **

（续表）

性状 Characters	均值 Mean value	最大值 Maximum	最小值 Minimum value	极差 Range	方差 Variance	标准差 Standard deviation	变异系数 （%） Coefficient of ariation （%）	F 值 F value
x10	0. 66	1. 12	0. 33	0. 79	0. 04	0. 21	31. 13	1 131. 51 **
x11	0. 12	0. 23	0. 02	0. 21	0. 003	0. 06	47. 23	332. 87 **
x12	1. 82	3. 10	0. 84	2. 26	0. 39	0. 62	34. 22	4 929. 31 **
x13	2. 71	6. 83	0. 51	6. 31	3. 27	1. 81	66. 71	41. 35 **
x14	256. 97	344. 18	125. 99	218. 19	3 912. 16	62. 55	24. 34	93. 34 **
x15	7. 29	9. 72	5. 70	4. 02	0. 76	0. 87	11. 96	5. 68 **
x16	5. 40	9. 62	3. 41	6. 22	2. 30	1. 51	28. 05	585. 82 **

注：x1，x2，x3，x4，x5，x6，x7，x8，x9，x10，x11，x12，x13，x14，x15，x16 分别代表病情指数（%）、SOD 活性（U/g）、PPO 活性（U/（min·g）、APX 活性［U/（min·gFW）］、CAT 活性［U/（min·gFW）］、POD［U/（min·gFW）］、PAL［U/（min·gFW）］、可溶性蛋白（mg/gFW）、叶绿素 a（mg/gFW）、叶绿素 b（mg/gFW）、类胡萝卜素（mg/gFW）、叶绿素（mg/gFW）、可溶性糖（%）、VC［mg/（100g·FW）］、总多酚类物质（O. D. 470nm/g. FW）和黄酮类化合物（O. D. 390nm/ g. FW）

Note：x1，x2，x3，x4，x5，x6，x7，x8，x9，x10，x11，x12，x13，x14，x15，x16 indicate disease index（%），SOD activity（U/g），PPO activity［（U/（min·g）］，APX activity［U/（min·gFW）］，CAT activity［U/（min·gFW）］，POD activity［U/（min·gFW）］，PAL activity［U/（min·gFW）］，soluble proteinmg/gFW，cholorophyll a（mg/gFW），cholorophyll b（mg/gFW），carotenoid（mg/gFW），chlorophyll（mg/gFW），soluble sugar（%），VC［mg/（100g·FW）］，total phenolic compounds（OD. 470nm/g. FW），flavonoids compounds（OD. 390nm/ g. FW）

2.2.3 各生理生化指标及病情指数的相关分析

对生理生化指标及病情指数进行相关分析（表 2-4），结果表明，SOD 活性与 CAT 活性、PPO 活性与 POD 活性、病情指数与叶绿素 b 等 12 对性状间表现出极显著的正或负相关，PPO 活性与黄酮类化合物、可溶性糖与叶绿素 a、VC 与叶绿素 a 等 12 对性状间表现出显著的正或负相关，而病情指数与 SOD、CAT 活性、叶绿素 a、总叶绿素、可溶性蛋白、叶绿素 b 含量等呈显著或极显著的负相关，说明苦瓜种质的抗病性和叶片内在生理生化物质有一定的相关性。根据生理生化物质的活性或含量可初步判断苦瓜的白粉病抗性。

表 2-4 各指标间的相关系数矩阵

Table 2-4 The correlation coefficient matrix of indexes

	x1	x2	x3	x4	x5	x6	x7	x8	x9	x10	x11	x12	x13	x14	x15	x16
x1	1															
x2	-0.53*	1														
x3	0.13	0.2	1													
x4	0.27	-0.13	0.14	1												
x5	-0.47*	0.54**	-0.12	-0.27	1											
x6	-0.06	0.19	0.56**	-0.25	0.01	1										
x7	0.04	0.02	-0.15	-0.15	-0.16	-0.13	1									
x8	-0.59**	0.23	-0.05	0.11	0.38	0.02	0.03	1								
x9	-0.48*	0.2	-0.13	-0.24	0.24	0.08	-0.08	0.22	1							
x10	-0.60**	0.36	-0.1	-0.24	0.35	0.13	-0.04	0.33	0.97**	1						
x11	-0.37	0.35	-0.04	-0.48*	0.33	0.17	-0.28	0.01	0.65**	0.59**	1					
x12	-0.53*	0.26	-0.12	-0.25	0.28	0.1	-0.07	0.26	1.00**	0.98**	0.64**	1				
x13	0.32	-0.39	-0.05	0.35	-0.17	-0.36	0.49*	0.25	-0.43*	-0.39	-0.61**	-0.42*	1			
x14	-0.19	0.06	0.16	0.08	-0.07	0.28	0.05	-0.08	0.46*	0.43*	0.27	0.45*	-0.33	1		
x15	0.26	-0.35	-0.05	-0.11	-0.06	0.26	-0.23	-0.01	-0.08	-0.14	-0.12	-0.1	0.1	-0.15	1	
x16	0.33	-0.1	0.45*	-0.29	-0.2	0.58**	-0.18	-0.09	-0.2	-0.23	0.13	-0.21	-0.19	-0.28	0.24	1

2.2.4 因子分析

选取了种质间存在差异极显著的 16 个和白粉病抗性相关的性状进行因子分析，表 2-5 为初始因子载荷矩阵，包含了前 6 个因子的特征值、方差贡献率及累计方差贡献率。从累计方差贡献率为 83.91% 可以得出这样的结论，即 6 个因子的信息量占总体信息量的 83.91%，略去特殊因子，则得因子模型。

表 2-5 各性状初始因子荷载矩阵

Table 2-5 Primary factor loading matrix of the character indexes

性状 Character	因子 1 Factor 1	因子 2 Factor 2	因子 3 Factor 3	因子 4 Factor 4	因子 5 Factor 5	因子 6 Factor 6
x1	-0.73	0.28	-0.37	-0.07	-0.05	0.01
x2	0.53	0.00	0.57	0.28	-0.35	0.03
x3	-0.08	0.59	0.20	0.64	0.11	0.01
x4	-0.38	-0.30	-0.13	0.55	0.15	-0.56
x5	0.51	-0.17	0.58	-0.20	-0.07	-0.14
x6	0.20	0.77	0.16	0.27	0.28	0.19
x7	-0.15	-0.41	-0.04	0.17	0.01	0.85
x8	0.32	-0.36	0.53	0.10	0.59	-0.07
x9	0.88	-0.06	-0.35	-0.05	0.20	0.03
x10	0.92	-0.11	-0.18	0.04	0.21	0.05
x11	0.76	0.28	-0.08	-0.24	-0.21	-0.01
x12	0.90	-0.08	-0.29	-0.02	0.21	0.03
x13	-0.60	-0.51	0.10	0.08	0.42	0.23
x14	0.45	0.07	-0.52	0.52	0.02	0.02
x15	-0.20	0.33	-0.08	-0.46	0.60	-0.15
x16	-0.18	0.81	0.20	-0.13	0.14	0.19
特征值 Eigenvalue	5.06	2.58	1.74	1.52	1.31	1.23
贡献率（%） Contribution rate（%）	31.62	16.11	10.88	9.48	8.16	7.66
累积贡献率（%） Accumulating contribution rate（%）	31.62	47.73	58.61	68.09	76.25	83.91

为进一步简化结构，进行方差极大旋转（表 2-6），经旋转后，各因子中的

载荷值趋于两极分化，各因子中起主要作用的指标更为突出。因子1中起主要作用的指标是叶绿素 a、叶绿素 b 和总叶绿素，与植物的光合作用有关，因此命名为光合色素因子；因子2中数值比较大的指标是 POD 活性和黄酮类化合物，与植物的过氧化物清除有关，因此称为过氧化物清除因子；因子3中荷载值较大的是多酚类物质，可有效地清除植物体内的过剩自由基并且具有抑菌作用，因此称为抑菌因子；因子4中反映的是植物 APX 的活性，该酶是利用抗坏血酸为电子供体的叶绿体内产生的 H_2O_2 的清除剂，因此称为叶绿体保护因子。因子5中荷载值比较大的是可溶性蛋白，与植物的抗逆性密切相关，因此称为抗逆因子，因子6主要反映的是植物中 PAL 的活性，植物被病原菌侵染后 PAL 活性升高，从而促进木质素及酚类物质和植保素的合成以抵抗侵染，因此因子6命名为次生代谢因子。可见，在评价苦瓜品种白粉病抗性时，影响最大是光合色素因子，方差累积因子贡献率高达 31.62%，其次是过氧化物清除因子，再次是抑菌因子。在评价时可优先考虑光合色素和 POD 活性、多酚类物质、APX 活性、可溶性蛋白、PAL 活性几个指标。

将各因子进行相关分析得表 2-7，各因子之间无显著相关，说明各因子之间没有间接作用。各因子起到的作用是独立的。在选择苦瓜白粉病抗性品系时，要综合主要因子进行筛选。

表 2-6　方差极大正交旋转因子载荷矩阵

Table 2-6　The factor loading matrix of varimax rotation

性状 Character	因子 1 Factor 1	因子 2 Factor 2	因子 3 Factor 3	因子 4 Factor 4	因子 5 Factor 5	因子 6 Factor 6
x1	−0.44	0.07	−0.27	0.10	−0.69	0.03
x2	0.10	0.20	0.65	−0.17	0.54	−0.15
x3	−0.08	0.85	0.18	0.24	−0.04	−0.05
x4	−0.16	−0.07	0.04	0.92	−0.07	−0.07
x5	0.07	−0.13	0.18	−0.25	0.72	−0.24
x6	0.17	0.88	−0.10	−0.17	0.03	−0.07
x7	−0.01	−0.09	0.22	−0.16	−0.08	0.93
x8	0.15	0.03	−0.18	0.23	0.85	0.21
x9	0.94	−0.08	−0.03	−0.14	0.17	−0.09
x10	0.90	−0.03	0.06	−0.12	0.33	−0.04
x11	0.57	0.05	0.15	−0.49	0.10	−0.40
x12	0.94	−0.07	0.00	−0.13	0.22	−0.07

（续表）

性状 Character	因子1 Factor 1	因子2 Factor 2	因子3 Factor 3	因子4 Factor 4	因子5 Factor 5	因子6 Factor 6
x13	-0.40	-0.20	-0.28	0.36	0.09	0.67
x14	0.70	0.20	0.25	0.28	-0.27	0.03
x15	-0.08	0.14	-0.84	-0.08	-0.01	-0.13
x16	-0.25	0.69	-0.29	-0.39	-0.13	-0.13

表 2-7　方差极大正交旋转后因子相关矩阵

Table 2-7　The factor correlation matrix of varimax rotation

相关系数 Correlation coefficient	因子1 Factor 1	因子2 Factor 2	因子3 Factor 3	因子4 Factor 4	因子5 Factor 5	因子6 Factor 6
因子1 Factor 1	1.00					
因子2 Factor 2	-0.21	1.00				
因子3 Factor 3	0.31	-0.02	1.00			
因子4 Factor 4	-0.30	-0.16	-0.05	1.00		
因子5 Factor 5	0.28	-0.24	0.27	-0.18	1.00	
因子6 Factor 6	-0.31	-0.28	-0.04	0.27	-0.12	1.00

2.2.5　种质资源聚类分析

为明确 21 份苦瓜种质资源白粉病抗性的情况，利用方差极大正交旋转后各种质的因子得分值（表 2-8），进行系统聚类，其中聚类距离选用欧氏距离，聚类方法选用离差平方和法，聚类结果见图 2-1。

从图 2-1 可知，当阈值为 5.49 时，21 份苦瓜种质资源可分为 5 大类。第一类群为 06-16、26-2、04、04-26、04-36-B 和 04-28，是一个抗性混合群体；第二类群为 04-36-H、08-36H 和 04-17-3，对白粉病表现为抗性；第三类群为 26-6-1、26-5、07-15 和 07-14，主要表现为中抗；第四类群为 27、05、06-18-1、25-1 和 03-81，主要表现为感病或高感病；第五类群为 07-13、07-11、21-1-1，表现为感病。

表 2-8 方差极大正交旋转后因子得分值

Table 2-8 The value of factors of varimax rotation

种质代号 Cultivars code	因子 1 Factor 1	因子 2 Factor 2	因子 3 Factor 3	因子 4 Factor 4	因子 5 Factor 5	因子 6 Factor 6
06-16	0.84	-0.06	0.33	-0.63	-0.38	0.60
26-6	-0.82	-0.87	0.83	-0.27	-0.01	-1.28
06-18-1	-0.25	-0.48	0.82	-0.82	-0.91	2.87
07-13	-0.16	0.39	1.41	1.58	-1.38	-0.98
05	-1.19	0.32	-0.36	-0.74	1.38	0.19
26-2	0.77	0.92	0.67	-1.02	-1.26	0.14
25-1	-1.77	-0.98	-2.42	-0.43	-0.45	-0.67
07-14	-0.54	-0.18	1.99	-0.23	0.12	0.00
04-36-B	0.40	-0.46	-0.95	-0.40	-1.51	-0.87
04	1.22	0.30	0.29	-0.76	-0.12	-0.82
04-26	0.20	-0.10	0.76	-0.22	-0.44	-0.61
26-5	-1.15	-0.71	-0.07	-0.60	0.44	-0.69
21-1-1	-0.50	3.84	-0.81	-0.19	-0.18	-0.11
07-15	-1.57	-0.22	0.55	-0.34	-0.05	-0.15
04-36-H	1.48	0.66	-0.73	-0.08	1.92	-0.32
07-11	-0.88	0.33	0.00	3.46	0.44	0.33
27	-0.30	-0.10	-0.61	0.01	0.82	2.23
04-28	1.05	-0.54	-1.04	-0.32	0.10	-0.66
03-81	1.40	-0.83	-1.48	1.37	-1.57	0.86
08-36H	0.25	-0.44	0.25	0.11	1.40	0.52
04-17-3	1.50	-0.77	0.61	0.51	1.64	-0.59

2.2.6 不同品系苦瓜的 POD 和 SOD 活性

由图 2-2 可知，未接种白粉菌的苦瓜品系间 POD 活性差异不大，接种白粉病菌后，4 个品系苦瓜叶片 POD 活性都比对照增加，抗性品系酶活变化率大且迅速，至接种后 10 d，抗病品系 04-17-3 和 08-36H POD 酶活变化率就已经达到了峰值，并且极显著高于感病品系，抗病品系 08-36H 的增幅最大，达到了 85.35%；而感病品系和高感品系 POD 酶活缓慢上升，至接种后 15 d 达到峰值，最大酶活增幅为 41.35%，随后活性下降。

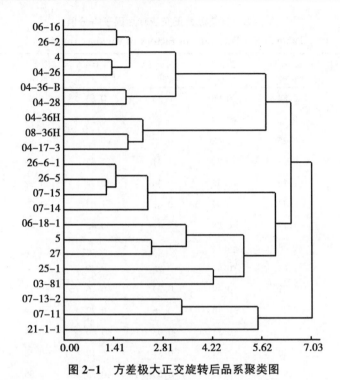

图 2-1　方差极大正交旋转后品系聚类图

Fig. 2-1　The clustering dendrogram of cultivars loading matrix of varimax rotation

注：横坐标为遗传距离；纵坐标为种质资源编号

Note：Cross coordinate represent for genetic distance, Vertical coordinate for germplasm resources

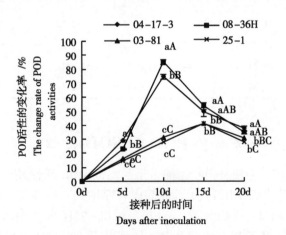

图 2-2　接种白粉病菌后叶片内 POD 活性的动态变化

Fig. 2-2　Dynamic change of POD activities in Leaves after inoculation

由图2-3可知，未接种白粉病菌的苦瓜品系间SOD活性差异不大。接种白粉病菌后，4个品系的酶活均呈先增加后降低的趋势，抗病品系的酶活一直高于感病品系和高感品系。抗感品系的SOD活性均比对照增加，抗病品系04-17-3酶活增加迅速，接种后10 d达到了峰值，增幅为52.25%，其酶活极显著高于其他品系（$P<0.01$），抗病品系08-36H活性变化呈不断增加趋势，接种后15d达到峰值，随后抗性品系一直维持较高的活性水平；感病品系03-81和25-1活性变化较小，均在接种后15 d达到峰值，随后迅速下降。

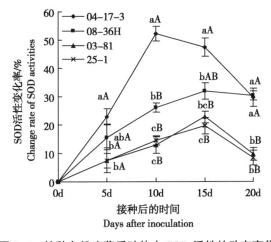

图2-3　接种白粉病菌后叶片内SOD活性的动态变化

Fig. 2-3　Dynamic change of SOD activities in Leaves after inoculation

2.2.7　不同品系苦瓜的CAT和PAL活性

由图2-4可知，未接种白粉病菌的各苦瓜品系间CAT活性差异不显著。接种白粉病菌后，各品系的CAT活性均呈先上升后下降，然后又上升再下降的趋势。除高感品系25-1外，其他品系的CAT活性均高于不接种的对照品系，抗病品系的CAT活性一直高于感病和高感品系。接种后酶活迅速升高，接种后5d抗感品系均达到第1个峰值，抗病品系酶活显著高于感病品系（$P<0.05$）；接种后15d达到第2个峰值，且峰值较前1个高，抗病品系酶活显著高于感病品系，此时CAT酶活变化率最大的为抗病品系04-17-3（增幅为84.31%），最小的为高感品系D（增幅为59.32%），随后抗病品系平缓下降，感病品系迅速下降。

由图2-5可知，未接种白粉病菌，各品系PAL活性差异不大。接种白粉病菌后，各品系的PAL活性均高于对照，抗病品系的酶活及增幅一直显著高于感病和高感品系（$P<0.05$）。接种后10d，抗病品系04-17-3、08-36H活性迅速

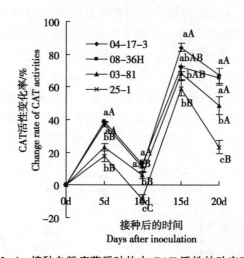

图 2-4　接种白粉病菌后叶片内 CAT 活性的动态变化

Fig. 2-4　Dynamic change of POD activities in Leaves after inoculation

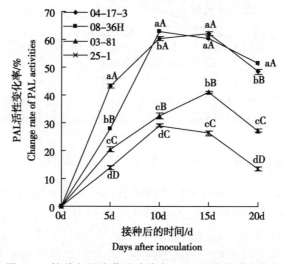

图 2-5　接种白粉病菌后叶片内 PAL 活性的动态变化

Fig. 2-5　Dynamic change of PAL activities in leaves after inoculation

升高达到峰值，随后下降，但仍保持较高的活性水平；感病品系酶活性上升缓慢，高感品系 25-1 虽在接种后 10d 达到峰值，但是酶活较低，接种后 15 d 时感病品系 03-81 活性才达到峰值，随后迅速下降。

2.2.8 不同品系苦瓜的 PPO 活性

由图 2-6 可知，未接种白粉病菌的抗感品系 PPO 活性差异不大。接种白粉病菌后，所有品系的酶活性均高于对照，抗病品系的酶活增幅一直显著高于感病和高感品系（$P<0.05$）。接种后，抗病品系 PPO 酶活性迅速上升，接种后 5d 就达到峰值，随后仍保持较高的酶活；感病和高感品系酶活 0~5d 迅速上升，5d 后增长速度变缓，至接种后 10d 才达到峰值，随后酶活迅速下降。

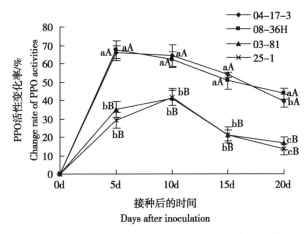

图 2-6 接种白粉病菌后叶片内 PPO 活性的动态变化

Fig. 2-6 Dynamic change of PPO activities in leaves

2.2.9 叶绿素和可溶性糖质量分数与白粉病抗性的关系

由表 2-9 可知，对照叶绿素质量分数呈逐渐增加的趋势，接种白粉病菌后各品系的叶绿素质量分数均低于对照。接种后，各接菌处理的叶绿素质量分数呈上升后下降的变化趋势，其中，感病品系 03-81 及高感品系 25-1 在第 10 天达到峰值，随后迅速下降；抗病品系在第 15 天时达到峰值，晚于感病品系。抗病品系的叶绿素质量分数始终高于感病品系和高感品系。接种后第 15 天和第 20 天抗病品系和感病品系及高感品系的叶绿素质量分数差异达到显著水平。

接种前，各品系的可溶性糖质量分数变化规律不明显；接种后，病程不同时期抗感品系的表现不尽相同，总体呈下降—上升—下降—上升的"W"形变化趋势。由表 2-9 可知，抗感品系均在第 10 天达到第 1 个峰值；病程期间，抗病品系下降幅度和上升幅度均较大，而感病品系的变化比较稳定，除接种后第 15 天外，抗病品系可溶性糖质量分数均显著高于感病品系和高感品系。与对照相比，接种后 0~10d，抗病品系的可溶性糖质量分数均高于对照相应的处理；接种后 10~20d，抗病品系的可溶性糖质量分数均低于对照；而感病品系和高感品系的可溶性糖质量分数在接种后 0~20d 均低于对照，且感病和高感品系较对照的降幅明显高于抗病品系。

表 2-9　接种白粉病菌后苦瓜叶片叶绿素和可溶性糖质量分数

Table 2-9　Bitter melon leaves' chlorophyll and soluble sugar mass fraction after inoculation

接种后天数/d Days after inoculation	处理 Treatment	叶绿素（mg/g）Chlorophyll mass fraction				可溶性糖（mg/g）Soluble sugar mass fraction			
		04-17-3	08-36H	03-81	25-1	04-17-3	08-36H	03-81	25-1
5	对照 Control	1.31± 0.07 aA	1.12± 0.05 aAB	1.11± 0.07 aAB	0.89± 0.06 bB	91.40± 0.10 aA	72.60± 0.15 dC	89.20± 0.21 bB	88.30± 0.20 cB
	接菌 Inoculation	1.24± 0.00 aA	1.12± 0.04 bB	1.08± 0.01 bB	0.78± 0.01 cC	102.00± 0.25 aA	82.07± 0.22 bB	74.50± 0.21 cC	63.83± 0.18 dD
10	对照 Control	1.41± 0.02 aA	1.20± 0.02 bB	1.22± 0.01 bB	1.07± 0.01 cC	123.73± 0.12 bB	127.80± 0.15 aA	112.13± 0.19 dC	112.37± 0.15 cC
	接菌 Inoculation	1.36± 0.01 aA	1.18± 0.02 bB	1.12± 0.04 bB	0.90± 0.02 cC	142.70± 0.15 aA	133.60± 0.15 bB	93.57± 0.19 cC	87.30± 0.21 dD
15	对照 Control	1.60± 0.01 aA	1.34± 0.01 bB	1.30± 0.01 bB	1.23± 0.02 cC	114.90± 0.32 bB	108.20± 0.21 dD	118.13± 0.29 aA	111.83± 0.18 cC
	接菌 Inoculation	1.40± 0.04 aA	1.25± 0.02 bA	0.97± 0.03 cB	0.74± 0.02 dC	99.07± 0.37aA	86.80± 0.61 bB	87.30± 0.35 bB	73.93± 0.23 cC
20	对照 Control	2.18± 0.02 aA	1.95± 0.02 bAB	1.97± 0.01 bB	1.90± 0.08 bB	168.40± 0.32 aA	125.23± 0.38 dD	128.27± 0.33 cC	140.63± 0.27 bB
	接菌 Inoculation	1.28± 0.01 aA	1.00± 0.07 bB	0.81± 0.06 cB	0.50± 0.03 dC	144.87± 0.23 aA	100.87± 0.19 bB	98.73± 0.23cC	66.47± 0.43 dD

注：表中小写和大写英文字母表示接种后某一天各品系对照间或接菌处理间在 0.05 和 0.01 水平存在显著性差异。下同

Note：Lowercase and uppercase letters in the table mean significantly different among control treatments or treatments someday after inoculation at 0.05 level. The same as follow

2.2.10　可溶性蛋白和 AsA 质量分数与白粉病抗性的关系

接种前，各品系的可溶性蛋白质量分数变化规律不明显；接种后，各品系的变化趋势呈倒"V"形。由表 2-10 可知，病程期间，抗感品系的可溶性蛋白质量分数均呈先升高后下降的趋势，接种后 0~10d，抗病品系的可溶性蛋白质量分数持续增加，10d 时达到峰值，10~20d 时逐渐下降；而感病品系和高感品系在接种后 0~5d 呈上升趋势，5d 时达到峰值，5~20d 时逐渐下降。接种后 10~20d，抗感品系的可溶性蛋白质量分数表现为抗病品系>感病品系>高感品系，第 10 天、第 15 天和第 20 天时抗病品系的可溶性蛋白质量分数显著高于感病品系

和高感品系。与对照比较，接种后 0~10d，抗病品系 04-17-3、08-36H 的可溶性蛋白质量分数均高于相应对照，之后，低于相应对照；而感病和高感品系则在播种后 0~5d 时高于相应对照，之后，低于相应对照，并且感病品系的降幅明显高于抗病品系。

接种前，各品系的 AsA 质量分数与抗病性关系不明显。抗感品系接种前、后呈先下降后上升的趋势。由表 2-10 可知，接种后，抗病品系在第 10 天时达到最低值，随后逐渐上升，而感病品系在第 15 天时才达到最低值。接种后 15~20d，抗病品系 AsA 质量分数显著高于感病品系和高感品系。与对照比较，接种后 0~5d，各品系 AsA 质量分数均高于相应对照处理，但抗病品系相对感病和高感品系增加较少；接种后 5~15d，抗感品系的 AsA 质量分数均低于对照处理，但抗病品系的降幅小于感病品系。第 20 天时，抗病品系较对照小幅上升，而感病品系和高感品系仍低于对照。总之，与对照比较，抗病品系的 AsA 质量分数变幅较小，而感病品系和高感品系波动比较剧烈。说明，受到白粉病菌侵染后，抗病品系能迅速调整自身代谢水平，恢复至接近于正常的状态。

表 2-10 接种白粉病菌后可溶性蛋白和 AsA 质量分数

Table 2-10 Bitter melon leaves' soluble protein and AsA mass fraction after inoculation

接种后天数（d）Days after inoculation	处理 Treatment	可溶性蛋白（mg/g）Soluble protein mass fraction				AsA（μg/g）AsA mass fraction			
		04-17-3	08-36H	03-81	25-1	04-17-3	08-36H	03-81	25-1
5	对照 Control	1.60± 0.03 cC	2.05± 0.02 aA	1.61± 0.02 cC	1.85± 0.04 bB	91.88± 0.91 cC	142.26± 1.82 aA	129.56± 2.13 bB	93.88± 2.33 cC
	接菌 Inoculation	1.82± 0.04 bB	2.25± 0.03 aA	1.85± 0.03 bB	2.15± 0.03 aA	96.91± 1.29 cC	143.85± 1.13 aA	139.24± 2.03 aA	108.78± 1.46 bB
10	对照 Control	1.73± 0.03 bB	1.95± 0.03 aA	1.69± 0.03 cC	1.75± 0.03 bB	90.32± 1.65 cC	122.21± 1.81 aA	126.79± 0.61 aA	110.12± 1.49 bB
	接菌 Inoculation	2.22± 0.03 bB	2.35± 0.03 aA	1.65± 0.03 cC	1.56± 0.05 dC	88.16± 3.04 cB	114.74± 1.70 aA	120.71± 1.33 aA	95.84± 2.03 bB
15	对照 Control	1.69± 0.03 bB	2.12± 0.02 aA	1.73± 0.04 bB	1.71± 0.04 bB	98.07± 2.82 cC	121.08± 2.19 aAB	127.25± 0.37 aA	112.86± 1.42 bB
	接菌 Inoculation	1.65± 0.04 bB	1.98± 0.02 aA	1.52± 0.02 cC	1.21± 0.02 dD	95.33± 1.87 bB	117.12± 0.81 aA	88.10± 0.13 cC	75.40± 0.82 dD
20	对照 Control	1.70± 0.03 bB	1.97± 0.04 aA	1.68± 0.05 bB	1.75± 0.02bAB	105.16± 2.42cB	122.48± 1.76 abA	125.46± 1.88 aA	116.62± 0.90 bA
	接菌 Inoculation	1.58 0.02 bB	1.81± 0.04 aA	1.35± 0.04 cC	1.16± 0.03 dD	107.33± 0.66 bB	125.94± 0.76 aA	110.55± 1.40 bB	96.39± 3.19 cC

2.2.11 APX 活性与白粉病抗性的关系

由表 2-11 可知，抗感品系的对照间 APX 活性差异的规律性不明显。接种后，抗病品系酶活呈上升趋势，感病品系则先下降后上升。接种后 10~20d，APX 活性表现为抗病品系>感病品系>高感品系。与对照比较，接种后 0~5d，抗病品系 APX 活性稍高于对照；接种后 5~10d，低于对照；接种后 10~20d，高于对照。病程期内，抗病品系的 APX 活性多高于对照；而感病品系和高感品系仅在接种后 15~20d 高于对照，其他时间均低于对照。

表 2-11　接种白粉病菌后苦瓜叶片 APX 活性

Table 2-11　Bitter melon leaves' APX activity after inoculation

接种后天数/d Days after inoculation	处理 Treatment	APX 活性（U/g）Activity of APX			
		04-17-3	08-36H	03-81	25-1
5	对照 Control	2.94±0.19 bB	2.96±0.17 bB	8.02±0.41 aA	2.14±0.06bB
	接菌 Inoculation	6.40±0.07 aA	3.68±0.04 bB	6.58±0.21 aA	2.00±0.13cC
10	对照 Control	16.31±0.62 aA	10.98±0.85 bB	9.27±0.85 bB	4.07±0.63cC
	接菌 Inoculation	10.20±0.09 aA	6.66±0.55 bB	5.20±0.70 bB	2.09±0.18cC
15	对照 Control	16.61±2.26bcAB	23.29±1.12bAB	29.46±4.21 aA	11.23±1.45cB
	接菌 Inoculation	18.46±0.58 bB	25.66±0.87 aA	16.83±1.78 bB	7.59±1.09 cC
20	对照 Control	18.83±2.22 aA	21.10±1.61 aA	16.58±1.52aA	8.12±1.49 bB
	接菌 Inoculation	30.11±0.38aA	29.35±2.52 aA	23.15±0.26bAB	17.16±0.96cB

2.2.12 生理生化指标与白粉病抗性的相关性

2.2.12.1 防御酶活性与白粉病抗性的相关性

由表 2-12 可知，除了 SOD 外，不接种白粉病菌的对照在各个病程的酶活性与病情指数相关关系规律性不明显，对照的 SOD 酶活在整个病程期间的平均值与病情指数呈显著负相关（$r=-0.92$）对照的。接种后 10d，15d，20d 的 POD 活性及接种后 5d，10d，15d，20d 的酶活增幅与病情指数呈显著负相关；接种后 5d，15d，20d 各品系的 SOD、CAT 活性和酶活增幅均与病情指数呈显著负相关；

接种后 5d，10d，15d，20d 的 PAL、PPO 活性和活性增幅均与病情指数呈显著或极显著负相关，表明接种后酶活性及酶活增幅越大，抗病性越强。其中以 PAL 和 PPO 与病情指数在各个病程的相关关系达到的显著或极显著数量最多。从整个病程期间酶活的平均值与病情指数的相关关系上来看，相关系数绝对值大小排序为 PAL、PPO>POD>SOD、CAT>APX，其相关系数分别为−1.00、−1.00、−0.99、−0.96、−0.96、−0.85，除了 APX 外，其他酶的酶活与病情指数都达到了极显著相关；从整个病程期间酶活变化率的平均值与病情指数的相关关系上来看，相关系数绝对值大小排序为 SOD、PAL>POD、PPO>CAT>APX，其相关系数分别为−1.00、−1.00、−0.98、−0.98、−0.96、−0.71，除了 APX 外，其他酶的酶活变化率与病情指数都达到了极显著相关。

表 2-12 不同苦瓜品系的病情指数与防御酶活性及变化率的相关系数

Table 2-12 The correlated index of different bitter melon strains' powdery mildew disease index and the change rate of defensive enzymes

接种后时间（d） Time after inoculation	POD			SOD			CAT		
	对照 Control	接菌 Inoculation	变化率 Change rate	对照 Control	接菌 Inoculation	变化率 Change rate	对照 Control	接菌 Inoculation	变化率 Change rate
5	−0.56	−0.88	−0.95*	−0.91*	−0.94*	−0.94*	−0.47	−0.95*	−0.98**
10	0.61	−0.94*	−0.96*	−0.56	−0.85	−0.85	−0.26	−0.81	−0.87
15	−0.28	−0.99**	−0.90*	−0.58	−0.97**	−0.91*	−0.94*	−0.96**	−0.90*
20	0.46	−0.90*	−0.98**	−0.81	−0.99**	−0.98**	0.46	−0.98**	−0.94*
整个病程期间 Whole course of disease	−0.33	−0.99**	−0.98**	−0.92*	−0.96*	−1.00**	−0.61	−0.96**	−0.96**

接种后时间（d） Time after inoculation	PAL			PPO		
	对照 Control	接菌 Inoculation	变化率 Change rate	对照 Control	接菌 Inoculation	变化率 Change rate
5	0.28	−0.92*	−0.92*	−0.1	−0.91*	−0.99**
10	−0.75	−0.98**	−0.98**	0.68	−0.90*	−0.98**
15	0.73	−0.99**	−0.98**	0.16	−1.00**	−0.98**
20	0.26	−0.98**	−0.98**	−0.61	−0.95*	−0.97*
整个病程期间 Whole course of disease	0.26	−1.00**	−1.00**	−0.46	−1.00**	−0.98**

注：* 表示 0.05 水平上差异显著；** 表示 0.01 水平上差异极显著。下同

Note：* means significant difference at 0.05 leavel；** means extremely significant diference at 0.01 level. The same as follow.

2.2.12.2　其他生理生化指标与白粉病抗性的相关分析

健康叶片中，不同抗性品系的叶绿素质量分数存在一定差异，表现为抗病品系高于感病品系和高感品系；叶绿素质量分数与病情指数的相关系数为 -0.82，其他指标和品系的抗病性无明显相关性。接种白粉病菌后，各指标的平均值与病情指数均呈负相关，不同抗性品系的叶绿素和可溶性糖质量分数与病情指数呈显著负相关，r 值分别为 -0.93 和 -0.94；即保持较高的叶绿素质量分数，可溶性糖质量分数提高均有利于苦瓜的抗白粉病；可溶性蛋白和 AsA 质量分数与病情指数的呈负相关，r 值分别为 -0.68 和 -0.14，均未达到显著水平。

2.2.13　不同抗感白粉病苦瓜品系叶片蜡质含量和比叶重的比较

由表 2-13 可发现，不同抗感白粉病苦瓜品系叶片蜡质含量有明显差异，抗病品系极显著高于高感品系，抗病品系 04-17-3、08-36H 叶片蜡质含量的平均值为 5.85mg/g，而感病品系 03-81、25-1 叶片蜡质含量的平均值为 4.60mg/g，表明抗病品系的蜡质含量高于感病品系。进一步相关分析发现，苦瓜品系叶片蜡质含量与其白粉病病情指数呈显著负相关，相关系数为 -0.90，即蜡质含量越高的品系，其抗病性越强。表 2-13 同时显示，不同抗病苦瓜品系的比叶重表现规律性不强，抗病品系比叶重的平均值为 2.46mg/cm，感病品系比叶重的平均值为 2.19mg/cm，差异不明显，说明品系比叶重与其白粉病抗性关系不大。

表 2-13　不同抗感白粉病苦瓜品系叶片蜡质含量、比叶重的比较
Table 2-13　The comparison of leaves waxes content and leaves weight ratio of different resistant and susceptible cultivars

材料 Material	蜡质含量（mg/g）Waxes content	比叶重（mg/cm）Leaves weight ratio
04-17-3	6.34±0.02 aA	2.65±0.23 aA
08-36H	5.35±0.03 bB	2.27±0.04 abA
03-81	5.05±0.14 bB	1.98±0.12 bA
25-1	4.14±0.13 cC	2.39±0.13 abA

2.2.14　不同抗感白粉病苦瓜品系叶片气孔密度和茸毛密度的比较

从表 2-14 可以看出，抗白粉病苦瓜品系 04-17-3、08-36H 的叶正反面气孔密度均极显著低于感病品系 03-81、25-1；各品系叶正面气孔密度均明显低于

叶背面气孔密度。其中，抗病品系叶正面和叶背面的气孔密度平均值（分别为 9.3 个/mm² 和 13.7 个/mm²）均明显低于感病品系平均值（分别为 14.51 个/mm² 和 19.48 个/mm²）。进一步相关分析表明，苦瓜品系病情指数与其叶正面气孔密度呈正相关（$r = 0.85$），与叶背面气孔密度呈显著正相关（$r = 0.94$），即苦瓜叶面气孔密度越小白粉病抗性越强。

另外，从苦瓜叶正面的茸毛密度来看，不同白粉病抗性品系的数值相差不大，规律性不强；除 04-17-3 品系外，其余品系叶背面的茸毛密度均大于叶正面。叶背面的茸毛密度差异较大，感病品系的茸毛密度极显著高于抗病品系，且叶背面茸毛密度和其病情指数呈显著正相关，相关系数达到了 0.95，即叶背面茸毛密度越大，越不抗病。

表 2-14　不同抗感白粉病苦瓜品系叶片气孔密度和茸毛密度
Table 2-14　Leaves stomatal and hair density of different resistant and susceptible cultivars

材料 Material	叶片气孔密度（个/mm²） Density of leaves stomas		叶片茸毛密度（个/mm²） Leaves' hair density	
	叶正面 Right side	叶背面 Back side	叶正面 Right side	叶背面 Back side
04-17-3	11.10±0.64 cB	14.54±0.41 cB	2.72±0.01 aA	2.60±0.36 cC
08-36H	7.50±0.37 dC	12.86±0.75 cB	2.14±0.00 cB	4.02±0.10 bB
03-81	13.75±0.29 bA	18.00±0.85 bA	2.22±0.02 bB	5.18±0.12 aA
25-1	15.26±0.21 aA	20.95±0.55 aA	2.76±0.02 aA	5.84±0.11 aA

2.2.15　不同抗感白粉病苦瓜品系叶片横切面结构的比较

2.2.15.1　显微结构形态特征

苦瓜抗病品系 04-17-3（图 2-7，A）的上、下表皮细胞较厚，栅栏组织排列最整齐、紧密，海绵组织相对紧密；而白粉病高感品系 25-1（图 2-7，D）的上、下表皮细胞较薄，栅栏组织排列不整齐、疏松，海绵组织疏松，且有很多空隙；抗病品系 08-36H（图 2-7，B）和感病品系 03-81（图 2-7，C）之间的差别不太明显，介于 04-17-3 和 25-1 之间。

2.2.15.2　叶片厚度和上下表皮厚度

不同抗感白粉病苦瓜叶片厚度及上下表皮厚度值列于表 2-15。其中，叶片厚度平均值的规律比较明显，即随着白粉病抗性增强，厚度逐渐增大，抗病品系的叶片厚度极显著大于高感品系；抗病品系的叶片厚度平均值为 185.16μm，而感病品系为 173.07μm，感病品系叶片厚度普遍小于抗病品系。同时，除高感品

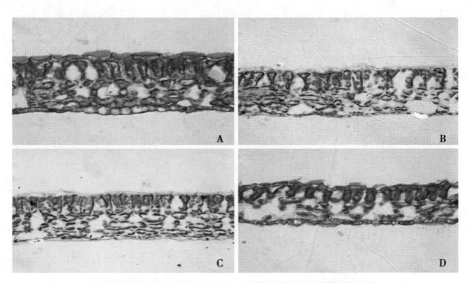

图 2-7　不同抗感白粉病的苦瓜品系叶片横切面结构的显微照片（10×40）

Fig. 2-7　Light micrograph of different leaves cross section structure
of different resistant and susceptible cultivars（10×40）

系 25-1 外，不同抗感苦瓜品系叶片下表皮厚度均大于上表皮厚度；抗病品系上下表皮厚度的平均值分别为 11.41μm 和 14.24μm，感病品系的分别为 10.47μm 和 9.98μm，抗病品系的上下表皮厚度均大于感病品系，且抗病品系 04-17-3的下表皮厚度（17.7μm）极显著地大于其他品系。进一步的相关分析表明，苦瓜叶片厚度、下表皮厚度与其病情指数均呈负相关，相关系数分别为 -0.87 和 -0.73。

表 2-15　不同抗感白粉病苦瓜叶片厚度和上下表皮厚度平均值

Table 2-15　The mean of the thickness of leaves and upper and lower epidermis of
different resistant and susceptible bitter melon cultivars' leaves thickness

材料 Material	叶片厚度（μm） Leaf thickness	上表皮厚度（μm） Thickness of the upper epidermis	下表皮厚度（μm） Thickness of the lower epidermis
04-17-3	190.87±1.28 aA	12.32±0.18 aA	17.70±0.42 aA
08-36H	179.45±1.76 bB	10.50±0.80 bcAB	10.78±0.87 bB
03-81	177.66±1.92 bB	9.31±0.28 cB	10.08±0.58 bB
25-1	168.47±0.84 cC	11.62±0.40 abAB	9.87±0.75 bB

2.2.15.3 栅栏组织和海绵组织

不同抗感白粉病苦瓜品系叶片的栅栏组织、海绵组织厚度、叶片紧密度（CTR）、疏松度（SR）见表2-16。其中，栅栏组织厚度在抗感苦瓜品系间差异显著，抗病品系04-17-3的栅栏组织厚度显著高于感病品系03-81、25-1，抗病品系（04-17-3、08-36H）栅栏组织厚度平均值（65.09μm）明显高于感病品系（03-81、25-1）的平均值（53.11μm）；栅栏组织厚度随着抗病性的增强逐渐增大，相关分析也表明品系栅栏组织厚度与其病情指数呈负相关（$r=-0.80$）。同时，抗病品系04-17-3、08-36H的海绵组织厚度显著低于高感品系25-1，抗病品系的海绵组织厚度平均值（94.66μm）也明显低于感病品系（98.95μm）。另外，从叶片CTR来看，抗病品系04-17-3、08-36H极显著大于高感品系25-1，抗病品系和感病品系的平均值分别为35.15%和30.22%，抗病品系的叶片结构比感病品系明显要紧凑；而且叶片CTR与病情指数呈负相关（$r=-0.72$）。抗病品系04-17-3的叶片结构疏松度（SR）极显著低于感病品系03-81、25-1，抗病品系和感病品系的叶片结构疏松度平均值分别为51.18%和57.28%，即感病品系的叶片结构明显比抗病品系的要松弛；同时，叶片结构疏松度随着抗病性的增强逐渐减小，疏松度和病情指数呈正相关，相关系数为0.84。

表2-16　不同抗感白粉病苦瓜叶片栅栏组织、海绵组织及CTR、SR的平均值
Table 2-16　The mean of palisade tissue and spongy tissue and STR, SR of different resistant and susceptible bitter melon cultivars' leaves

材料 Material	栅栏组织厚度 （μm） Thickness of palisade tissue	海绵组织厚度 （μm） Thickness of spongy tissue	结构紧密度（CTR） （%） Leaf tissue compactness	结构疏松度（SR） （%） Leaf structure porosity
04-17-3	67.22±1.01 aA	94.16±0.98 bB	35.22±1.17 a A	49.33±0.54 c A
08-36H	62.96±1.19 abA	95.16±1.60 bB	35.08±0.92 a A	53.03±1.15 bB
03-81	62.41±1.56 b A	94.88±1.37 bB	35.13±0.87 a A	53.41±1.10 bB
25-1	43.80±1.30 c B	103.01±0.87 aA	25.30±0.95 bB	61.14±1.60 aC

2.3　结论与讨论

2.3.1　不同苦瓜种质资源白粉病抗性的鉴定

本研究鉴定的21份苦瓜种质资源，主要来自亚洲国家和我国南方各省，其

中鉴定为抗性的种质资源多属于野生或半栽培种，21 份种质中没有发现对白粉病免疫的类型。通常在起源地存在着如野生种、抗病和抗虫等丰富的抗性资源（Ahmed Mliki 等，2003），苦瓜原产于亚洲热带地区，除我国热带亚热带地区大量种植外，南亚、东南亚各国及加勒比海群岛也广泛种植苦瓜，因此为进一步加强苦瓜抗病育种工作，应加大从这些国家和地区引种的力度。白粉病是一种世界性病害，露地和温室栽培均会发生，而且种质资源的抗性鉴定受环境条件影响较大。本研究通过连续 2 年的人工接种鉴定，发现各材料的抗性表现比较稳定，人工接种鉴定能真实地反映种质的抗性水平。

近年来，国内外的科研工作者从各个角度提出了很多白粉病抗性鉴定的方法和指标，魏国强等（2004）认为不同抗性黄瓜品种对白粉病的抗性与 PPO 活性、酚类物质含量可能存在一定的正相关。邢会琴等（2007）认为 POD 活性和 PAL 活性与苜蓿品种对白粉病的抗病密切相关。王萱等（2009）研究发现辣椒白粉病抗性与 PAL 活性存在正相关。颜惠霞（2009）发现南瓜叶片中叶绿素的含量与南瓜品种对白粉病的抗性呈正极显著，POD 活性和 PAL 活性与南瓜品种对白粉病的抗性密切相关。李明岩等（2007）认为 PAL、PPO 可以作为衡量南瓜抗白粉病的一个指标。以上各研究结果表明，酶和叶绿素可能与白粉病抗性有一定的关系，本研究通过因子分析和相关分析发现对白粉病抗性起主要作用的指标也是光合色素和 POD、APX、PAL，以及可溶性蛋白和多酚类化合物。苦瓜叶片的SOD 活性、CAT 活性、可溶性蛋白含量、叶绿素含量与白粉病抗性呈极显著正相关或显著正相关。

本研究中首次采用多份抗性不同的种质，以病情指数为主要指标结合光合色素因子及多项生理生化指标对 21 份苦瓜种质资源的白粉病抗性多样性进行综合分析，各种质的病情指数有极显著差异，各生理生化性状在不同种质之间表现出了极显著的差异，说明了不同材料有丰富的遗传多样性。因子分析将存在极显著差异的 16 个指标归属为 6 个主因子，因子内各指标之间存在着较为密切的关系，但因子间相关性不显著。6 个因子可充分代表 16 个原始指标进行聚类等分析，提高了鉴定准确性。在生物胁迫和非生物胁迫研究中，对众多的影响指标进行降维，有利于将复杂的研究问题简单化，李丹丹等（2009）采用多元统计分析方法评价黄瓜品系耐弱光性强弱，将 13 个性状指标降维到 5 个主因子，但仍保留了 85.62% 的原始变量信息。

本研究中 21 份苦瓜种质资源可分为 5 大类，其对白粉病的抗感性表现与作者多年田间观察结果基本一致。病情指数和光合色素因子可以作为苦瓜种质资源白粉病抗性评价的主要指标，同时综合其他因子，评价苦瓜种质资源白粉病抗性多样性效果较好。

2.3.2 白粉病抗性的生理生化基础

前人研究发现，酚和其氧化产物醌对病菌有抑制的作用，PAL是莽草酸途径的关键性酶，是酚代谢的主要酶之一，其活性与酚类化合物的合成密切相关，而多酚的氧化与PPO和POD有密切的关系；同时PAL、PPO及POD促进了木质素、绿原酸、黄酮类和植物保护素的合成，使细胞壁木质化，增强植物的抗病性（李靖等，1991；李淑菊等，2003；朱莲等，2008）。李明岩等（2007）研究发现，南瓜抗性品种感染白粉病菌后PPO、POD和PAL活性的增加高于感病品种，抗病品种PAL、PPO在接种白粉病菌后的第4天就出现活性高峰，峰值较高；感病品种则一直保持较低的酶活性。因此PAL、PPO都可以作为衡量南瓜抗白粉病的一个指标。董毅敏等（1990）研究的结果是在黄瓜抗白粉病品种中，侵染的早期，PPO、可溶性POD和PAL的活性急剧上升，而感病品种与对照相比其酶活性变化较小。本研究发现苦瓜接种白粉病菌后，抗感品系的PAL、POD、PPO酶活都比对照增加，抗病品系的酶活及增幅一直高于或显著高于感病及高感品系，抗病品系的酶活能较早地达到峰值，并能维持较高的酶活水平一段时间，而感病和高感品系往往酶活较低，达到峰值较晚并且酶活迅速降低，PAL、POD、PPO活性或酶活增幅与白粉病抗性呈显著正相关，这和前人的结果相似（董毅敏等，1990；魏国强等，2004；李明岩等，2007）。可见，苦瓜苗期叶片接种白粉病菌后的PAL、POD、PPO酶活性变化可以作为苦瓜抗病性的衡量指标。

植物受到病原菌侵染时会产生大量的活性氧，一部分活性氧可直接或间接抑制病原菌的侵染，而多余的活性氧则会对植物产生伤害。SOD和CAT在植物体内活性氧的清除和维持活性氧正常水平中起重要的作用。在不同的病害侵染研究中，SOD、CAT活性变化的结果不尽相同（王雅平等，1993；王建明等，2001；袁庆华等，2002；房保海等，2004）。本研究发现，抗感苦瓜品系接种白粉病菌后，SOD活性均较对照有所提高，而王建明等研究发现，枯萎病菌对西瓜不同抗感品种的SOD活性在某些时间段会低于对照（王建明等，2001），二者结论不完全一致，可能与所研究的植物以及病原菌种类不同有关。本研究中各品系的酶活呈先上升后下降趋势，抗病品系酶活增加高于感病品系，与房保海等（2004）和袁庆华等（2002）的研究结果一致。抗病品系04-17-3的SOD活性迅速增加，接菌后10 d即达到峰值，而抗病品系08-36H的酶活增加较为缓慢，接菌后15 d才达到峰值，感病品系的酶活一直较低且增加非常缓慢。王建明等（2001）在西瓜抗枯萎病的研究中发现，抗病品种接种后，CAT酶活比对照的增减比率变化呈波浪式，时高时低，增减幅度明显低于感病品种，而感病品种酶活除第 1 天低于对照外，其余均高于对照。蒋道伟等（2010）认为在抗白粉病的黄瓜自交系酶活性一直高于感病自交系。而本研究中抗感品系的 CAT 活性均呈现 2 个峰值，抗病品系的酶活一直高于感病品系，除高感品系外，抗感品系的酶活均高于对照，抗病品系的酶活增幅均高于感病品系，和王建明等的结论不完全一致，和蒋道伟的研究结论相似。植株体内的酶活性受环境条件影响较大，因此本研究采用酶活变化率作为指标来消除非白粉病侵染因素造成的酶活性增减的干扰，使结果更为准确。

叶绿素是高等植物在光合反应中吸收光能的光合色素之一，叶片叶绿素质量分数是反映植物叶片光合能力的重要指标。不同黄瓜品种对白粉病的抗性与其叶片叶绿素质量分数呈正相关（胥爱玲等，1995；蒋道伟和司龙亭，2010），白粉病菌侵染苦瓜后，总叶绿素质量分数随白粉病病情加重而下降（王国莉，2008）。本研究显示，接种后，所有品系的叶绿素质量分数均低于相应对照，但抗病品系的降幅明显小于感病和高感品系，整个病程中抗病品系的叶绿素质量分数始终高于感病品系和高感品系。该结果与黄瓜（胥爱玲等，1995；蒋道伟和司龙亭，2010）被白粉病侵染后的反应相同。在白粉病侵染初期，抗感品系进行自我调节，叶绿素质量分数逐渐上升，但随着侵染程度的加重，感病品系的自我调节能力弱于抗病品系，因此叶绿素受破坏程度增大，降幅明显大于抗病品系。

糖是植物光合作用的产物，是植物体内代谢产生能量的重要底物，同时又是病原菌赖以生存的营养物质来源，因此，可溶性糖可能在植物抗病中有重要作用。对黄瓜（蒋道伟和司龙亭，2010）、葡萄（朱键鑫，2008）等作物进行研究发现，可溶性糖质量分数在接种后的增长速度和积累量是决定植物抗病强弱的关键性生理活性物质，可溶性糖质量分数越高，品种抗病性越强，反之抗病力越弱。植物被病菌侵染后，可加剧体内的代谢过程抵抗病菌的侵染，本研究显示，可溶性糖质量分数的提高与苦瓜白粉病抗性呈显著正相关，与上述结论（蒋道伟和司龙亭，2010）一致，而与朱键鑫（朱键鑫，2008）的结论相反。可溶性糖与白粉病抗性的关系较为复杂，还需要进一步探讨。

蛋白质是植物体细胞结构的最重要成分，可溶性蛋白大多是参与各种代谢的酶或者病毒的外壳蛋白，可反映寄主体内各种氮代谢及植物—病原菌互作中生理生化反应的强度（李应霞，2004）。在黄瓜与白粉病菌的互作中，可溶性蛋白质量分数在接菌后均逐渐增加，感病品系的峰值出现时间早于抗病品系（蒋道伟，2010）。本研究发现，接种白粉病菌后，抗感苦瓜品系的可溶性蛋白质量分数先升高后降低，感病品系和高感品系的峰值出现时间早于抗病品系，这一结论和前人研究结果（蒋道伟，2010）相似。本研究显示，接种后 10~20 d，抗感品系的可溶性蛋白质量分数表现为抗病品系>感病品系>高感品系，这可能与白粉病菌诱导后抗病品系中一些抗性蛋白大量表达有关（王惠哲等，2006）。

AsA 能通过分子信号、AsA-GSH 循环调节植物的抗病性，清除植物体内多余的活性氧，降低过氧化伤害，对植物起到保护作用。在 AsA-GSH 循环中，植物叶绿体中的 APX 通过 AsA 为电子供体清除 H_2O_2。陈利锋等（1997）认为，感病后，感病品系中 AsA 累积，APX 活性较低；而抗病品系接种前后 AsA 变化不明显，APX 活性较强。而王玲平（2001）则认为，AsA 质量分数高时抗病，低时易感病。本研究发现，与对照比较，白粉病侵染前期，抗病品系 AsA 质量分数的增幅低于感病和高感品系，表现为始终围绕对照上下浮动，绝大部分时间内 APX 的活性表现为抗病品系>感病品系>高感品系。APX 活性升高，抗病品系 AsA 质量分数增幅不明显，可能有利于植株体内活性氧和自由基的积累，从而产生过敏性反应，这与陈利锋等（1997）的结论一致。AsA-GSH 循环是一个复杂的生理生化过程，抗病品系的 AsA 质量分数变化幅度较小，说明抗病品系自我调节能力强于感病品系。

前人研究发现，PPO 能促进木质素前体酚类化合物在侵染部位合成、积累，也能清除植物内源活性氧，避免健康细胞受损，并且能促进细胞壁、组织的木质化，增强植物抗病性（李靖等，1991；李淑菊等，2003；朱莲等，2008）。本研究发现，接种白粉病菌后，抗病苦瓜品系的酶活均高于或显著高于感病品系和高感品系，较早达到峰值；而感病品系和高感品系酶活较低，达到峰值时间较晚，且酶活降低速度较快，这与前人研究结果一致（董毅敏等，1990；李明岩等，2007）。说明叶片感病后，抗病苦瓜品系能迅速协调自身代谢系统，提高 POD 酶活性，清除过多的超氧阴离子自由基，维持活性氧产生与清除的动态平衡，并促进酚类物质合成，阻止病原菌的侵染；而感病品系因酶活较低，不能抵抗病原菌的侵染，发病严重。

2.3.3 叶片结构与白粉病抗性的关系

寄主植物对病原物的侵染表现出不同程度的抗病性，是由植物形态结构或生理生化方面的抗性综合作用的结果。冯丽贞等（2008）发现，高抗焦枯病的桉树品系的叶片蜡质含量明显高于高感品系，认为桉树叶片的蜡质是抵抗和延迟病原菌侵入的最外层防线。王婧等（2012）发现，甘蓝型油菜抗病品种在去除叶表皮蜡质后病情指数显著增加，说明油菜叶表皮蜡质的组分及结构可能是抗病品种抵抗和延迟病原菌侵入的机制之一。本研究结论亦是如此，蜡质含量越高的苦瓜品系，其白粉病抗性越强，蜡质含量与病情指数呈显著负相关（相关系数为 -0.90），即蜡质可能是苦瓜叶片抵制白粉病菌侵入的一个有力屏障。

气孔与植物病害的关系亦有许多报道，有报道称白粉病菌主要通过气孔侵染寄主植物（Ford C M.，1993）。国内很多学者也发现了植物抗病性与气孔密度有密切关系。如徐秉良等（2003）发现，草坪草品种的抗病性与其叶片的结构有关，气孔数目多且蜡质层薄的品种抗病性较差，气孔数目少且蜡质层厚的品种抗病性较强。本研究观察到，苦瓜白粉病初始发病往往是由叶背面开始；感病品系的叶片气孔密度显著大于抗病品系，不同品系叶背面的气孔密度要大于叶正面，病情指数与叶正面气孔密度呈正相关（相关系数为 0.85），而与叶背面气孔密度呈显著正相关（相关系数达到了 0.94），说明苦瓜的白粉病抗性与其气孔密度关系密切，即气孔密度越小越抗病。在关于苦瓜白粉病的研究中，甚至在其他瓜类作物的病害研究中，对于气孔密度与抗病性关系的研究报道非常少，本试验结果为今后抗白粉病理论的建立提供了一个很好的依据。

同时，本研究中苦瓜叶片正面的茸毛密度在不同抗性品系之间差异不大，这和李海英等（2001）的结论相似；而叶背面茸毛密度随着抗病性增强而减少，与抗病性呈显著负相关，此结论与一些学者（李淼，2003；徐秉良和郁继华，2003；梁炫强等，2003；郑喜清等，2007；史凤玉等，2008；冯丽贞等，2008；杨光道，2009）的研究结果不同。但这不能说明苦瓜叶片茸毛与白粉病抗性没有关系，感病品系易受白粉病的入侵，是否由于叶片表皮茸毛的某些有益于白粉病菌萌发物质或结构特点，如茶炭疽病菌就是附着在茸毛上，通过茸毛管腔侵入茸毛并扩展至叶组织内部的，如果叶背茸毛散开或茸毛管腔木质化速度快，病菌就不易侵入（Alexopoulos C J. 和 Mims C W.，1983），因此在今后苦瓜白粉病抗性机制的研究中有待进一步深入探讨。

此外，本实验中白粉病抗性不同苦瓜品系叶片组织石蜡切片的显微观察发现，抗病的苦瓜品系叶片组织可以见到排列整齐、紧密的栅栏组织以及海绵组织，且都较清晰；而发病最重的高感品系的叶片组织的切片出现大量孔隙，较难见到完整细胞，其他供试品种介于这二者之间。同时，抗性品系叶片厚度、下表皮厚度、栅栏组织厚度、叶片结构紧密度明显高于感病品系，而感病品系的海绵组织厚度、叶片结构疏松度明显高于抗病品系。这说明苦瓜品系叶片厚度、下表皮厚度、栅栏组织厚度和叶片结构紧密度高与其白粉病抗性有密切关系，其越厚，抗病性越强，而海绵组织厚度越厚、叶片结构越疏松的苦瓜品系越容易受到白粉病的侵染。本结论与李海英（2002）、冯丽贞（2008）、朱建鑫（2008）等人的研究结果基本一致。

本研究中，苦瓜品系叶片蜡质含量、叶背面气孔密度、叶背面茸毛密度与其白粉病病情指数呈显著负或正相关，而其他指标与白粉病的相关系数绝对数值虽然很大，如叶片厚度、叶正面气孔密度、叶片疏松度与白粉病病情指数的相关系数分别为 0.85、-0.87、0.84，但却没有达到显著水平，可能与研究所用材料较少有关，因本研究获得的结果是基于 4 个不同抗性品系的数据，具有一定的代表性，但为获得更多更为准确的规律性的结论，可在下一步研究中可增加白粉病不同抗性材料的数量，进一步提高研究结果的准确性。

2.3.4 小结

21 份不同来源的苦瓜品系之间白粉病发病程度表现出较大的差异和多样性，28.57% 的苦瓜种质资源表现为抗病，28.57% 表现为中抗，33.33% 表现为感病，9.53% 表现为高感；病情指数与 SOD、CAT 活性、叶绿素 a、总叶绿素、可溶性蛋白、叶绿素 b 含量等呈显著或极显著的负相关，是评价苦瓜白粉病抗性的最佳指标。因子分析将 16 个指标简化成 6 个主因子，累计贡献率达 83.91%。对 21 份材料进行聚类分析，供试材料可分为 5 类，其对白粉病的抗感表现和苦瓜种质资源田间白粉病抗性鉴定基本一致。在进行苦瓜种质资源白粉病抗性遗传多样性评价时应以病情指数和光合色素含量为主要因子，结合其他因子，鉴定效果较好。

抗病品系可通过维持叶绿素水平，提高可溶性糖质量分数，增强 POD、PPO、PAL、SOD、CAT、APX 酶活性清除因病菌侵染积累的 H_2O_2 和活性氧，使植物维持体内的活性氧产生和清除的动态平衡，使细胞壁木质化，阻止病原菌进一步入侵，从而来提高对白粉病的抗性。抗病苦瓜品系叶片的蜡质含量显著高于感病品系，与病情指数呈显著负相关，蜡质层是其抵抗和延迟病原菌侵入的一个有力结构屏障。叶背面的气孔及茸毛密度与病情指数呈显著正相关关系。为选择对白粉病抗性早期鉴定的指标，按照病程期间各指标的平均值和抗病性相关关系的紧密程度对各指标进行排序如下：PAL、PPO>POD>SOD、CAT>可溶性糖>叶绿素；未接种白粉病菌时与白粉病抗性相关关系密切的指标排序为：叶背面茸毛密度>叶背面气孔密度>SOD>蜡质含量，以上各指标可作为苦瓜对白粉病抗性早期鉴定的辅助指标。

3 苦瓜白粉病抗性的主基因+多基因混合遗传模型分析

苦瓜为葫芦科苦瓜属的一个栽培种，以嫩果供食（张振贤，2003），栽培面积日益扩大。苦瓜在露地和设施栽培的整个生育期内均易发生白粉病，田间发病率达到100%，减产严重。药剂防治不仅增加了生产成本，同时也为苦瓜安全生产带来了隐患，并对环境造成了污染，因此，预防和克服白粉病为害首选途径是选育优良抗病苦瓜品种，而了解白粉病抗性的遗传规律，可在选育抗病品种时有的放矢，加速育种进程。

瓜类中以黄瓜、甜瓜白粉病抗性遗传规律的研究较多，刘龙洲等（2008）发现隐性多基因决定了黄瓜的白粉病抗性；Sakata等（2006）发现黄瓜白粉病抗性由数量性状位点控制；沈丽萍等（2011）用数量性状遗传模型分析方法，得到了黄瓜的白粉病抗性的遗传模型，发现主基因和多基因的共同作用决定了黄瓜的白粉病抗性，主基因起到了主要作用。咸丰等（2011）发现有 2 对加性-显性-上位性主基因+加性-显性-上位性多基因决定了野生甜瓜云甜-930 对白粉病的抗性，同时还受到环境变异的影响；马鸿艳（2011）研究认为由 1 对显性基因控制了甜瓜种质 MR-1 对单囊壳白粉菌生理小种 1 的抗性。以上研究中不同作物白粉病抗病遗传模式不尽相同，可能与亲本的遗传背景、致病菌种类和生理小种的分化不同有关。

苦瓜白粉病抗性的遗传规律研究较少，米军红（2013）认为由 1 对单隐性基因决定了苦瓜对 *P. xanthii* 生理小种 1 的抗性。粟建文等（2007）利用 Hayman's 的遗传分析方法和 Griffing 的完全双列杂交的方法，研究苦瓜对白粉病抗性的遗传规律，认为 2 对以上的基因决定了苦瓜对白粉病的抗性，抗病基因相对感病基因为不完全隐性，符合加性-显性模型。以上研究没有明确控制白粉病抗性的基因对数，也未对不同基因遗传效应的差异及基因间互作的遗传效应进行说明。苦瓜对白粉病抗性表现为数量性状遗传的特点（粟建文等，2007），经典数量遗传学的研究方法较多，但盖钧镒等（2003）建立的主基因+多基因混合遗传模型分析法，不仅提出了数量性状位点（QTL）系统，同时，该遗传分析方法可以估计基因间加性效应、显性效应和上位性效应大小，但同时也考虑到基因与环境的交互作用和主基因和多基因遗传。目前此遗传分析方法已在多种作物的多个性状遗传研究上得到了应用（沈丽平等，2011；咸丰等，2011；段韫丹等，2015；徐强等，2014；林婷婷等，2014；牟建英等，2013），但在苦瓜白粉病抗性遗传方面的应用还少见报道，需进一步深入研究。

本研究以经过多年选育的白粉病抗性不同的苦瓜高代自交系为亲本，通过杂交、自交、回交产生了 P_1、P_2、F_1、F_2、B_1 和 B_2 6 个世代，运用多世代联合分析的方法深入探讨苦瓜对白粉病抗性的主要遗传规律。

3.1 材料与方法

3.1.1 材料

前期通过白粉病抗性鉴定，选取抗白粉病的野生苦瓜 04-17-3（P_1）和感白粉病的栽培苦瓜 25-1（P_2）作为亲本，2 个亲本均是经过高代自交培育而成的自交系，P_1 在设施栽培条件下虽然有白粉病的发生，但较易感植株 P_2 病害出现较晚，白粉病主要分布在植株下部，对生长影响较小。以先期配制的 6 个世代材料进行苦瓜白粉病抗性遗传规律分析。

3.1.2 试验方法

2011 年 1 月份，在海南大学园艺园林学院的实践教学基地拱圆形温室内定植 6 个世代植株幼苗。整个生育期同常规管理，接种方法同第二章，6 片真叶展开时开始发病，发病高峰期（发病后 12d），每株从下到上调查 6 片真叶的发病情况，P_1、P_2、F_1、F_2、B_1 和 B_2 调查株数分别为 30 株、30 株、30 株、120 株、50 株和 50 株。病情级别的划分及病情指数的计算同第二章。

3.1.3 数据分析

对苦瓜白粉病抗性进行遗传分析是利用盖钧镒等（2000；2003）的主基因-多基因遗传分析方法。基于迭代 ECM（章元明和盖钧镒，2000）算法计算混合模型参数的极大似然值，根据该值（MLV，maximum likelihood value）和 Akaike 提出的最大熵（信息）规则，依据 AIC 值大小从 A-E 5 类共 24 个遗传模型中选取较小的 2~3 个模型，进行均匀性检验（统计量分别为 U_1^2、U_2^2 和 U_3^2）、Smirnov 检验（统计量为 nW^2）和 Kolmogorov 检验（统计量为 Dn），以确定其适合性，从而选出最适合的模型，然后估算一阶遗传参数和二阶遗传参数（Gai J Y and Wang J K，1998；盖钧镒，2000）。

应用 SAS9.1.3 统计软件，并利用 Duncan 新复极差法进行差异显著性多重比较。

3.2 结果与分析

3.2.1 不同世代中白粉病病情指数的次数分布

由 6 个世代白粉病病情指数的次数分布（表 3-1）可知，亲本 P_1 的病情指数最小，为 14.51，表现为高抗，亲本 P_2 的病情指数最大，为 75.55，表现为感病，P_1 和 P_2 的抗性差异达到极显著水平；F_1 的病情指数（49.01）高于中亲值（45.03），偏向感病亲本 P_2，表明苦瓜对白粉病的抗病基因对感病基因为隐性，且为不完全隐性；B_1 偏向于抗病亲本 P_1、B_2 偏向于感病亲本 P_2，B_1、B_2、F_2 表现为偏离正态分布的单峰，表明苦瓜抗白粉病的遗传符合主基因+多基因遗传特征。

表 3-1　苦瓜白粉病病情指数 6 个世代的次数分布

Table 3-1　The disease index frequency distribution of six generations

世代 generations	频次 Frequency					观察数 Observation numbers	平均病情指数 Average disease index
	<25	25~45	45~65	65~80	≥80		
P_1	26	4				30	14.51±2.07 [dC]
P_2	1	1	4	12	12	30	75.55±1.97 [aA]
F_1		9	21			30	49.01±4.29 [bcAB]
B_1	11	28	9	2	0	50	36.35±4.44 [cBC]
B_2	1	3	21	20	5	50	63.64±3.28 [abAB]
F_2	5	28	42	40	5	120	48.70±14.25 [bcAB]

注：小写和大写英文字母分别表示 $P=0.05$ 和 $P=0.01$ 水平存在显著性差异

Note：Lowercase and capital letters means significantly different among materials at $P=0.05$ and $P=0.01$ level，respectively

3.2.2 遗传模型的选择和检验

表 3-2 为计算得到的 5 类 24 种模型的极大似然函数值和 AIC 值。根据 Akaike 准则，AIC 值较小的模型有 E-1 和 B-1，把此 2 种模型作为备选模型。E-1 模型具有最小的 AIC 值（2 469.84），为最佳可能模型，与之相近的还有 B-1 模型，AIC 值为 2 492.47。对选定的 2 个模型进行进一步的适合性检测结果见表 3-3，E-1 模型比 B-1 模型达到显著水平的统计量少，仅有 10 项，而 B-1 模型有 11 项统计量达到显著差异（$P<0.05$），AIC 值最小是 E-1 模型，因此，E-1

模型为 $P_1 \times P_2$ 组合抗白粉病的最优遗传模型，即 $P_1 \times P_2$ 的抗病性由 2 对加性-显性-上位性主基因+加性-显性多基因决定。

表 3-2　24 个遗传模型的极大对数似然函数值和 AIC 值

Table 3-2　The maximum log likelihood values and AIC values of 24 genetic models

遗传模型 Model	极大对数似然值 MLV	AIC	遗传模型 Model	极大对数似然值 MLV	AIC
A-1	-1 258.14	2 524.28	D	-1 242.31	2 508.62
A-2	-1 257.89	2 521.78	D-1	-1 247.80	2 513.61
A-3	-1 354.29	2 714.58	D-2	-1 246.20	2 508.41
A-4	-1 315.58	2 637.15	D-3	-1 248.62	2 513.25
B-1	-1 236.23	2 492.47 *	D-4	-1 246.51	2 509.03
B-2	-1 246.93	2 505.86	E	-1 230.77	2 497.54
B-3	-1 274.32	2 556.64	E-1	-1 219.92	2 469.84 *
B-4	-1 245.68	2 497.36	E-2	-1 248.61	2 519.23
B-5	-1 340.65	2 689.30	E-3	-1 305.86	2 629.72
B-6	-1 340.65	2 687.30	E-4	-1 243.28	2 502.57
C	-1 244.65	2 509.30	E-5	-1 248.62	2 515.24
C-1	-1 248.81	2 511.62	E-6	-1 248.62	2 513.24

注：＊表示 AIC 值较小，指示的模型为较优的遗传模型

Note：＊show the AIC values were smaller, the indicated models were better genetic models

表 3-3　E-1/B-1 模型的适合性检验

Table 3-3　Fitness test of E-1/B-1 models

模型 Model	世代 Generation	U_1^2	U_2^2	U_3^2	nW^2	Dn
E-1	P_1	17.48 (0.00) *	1.08 (0.30)	145.00 (0.00) *	3.874 (<0.05) *	0.035 (>0.05)
	F_1	0.93 (0.33)	15.56 (0.00) *	145.00 (0.00) *	2.494 (<0.05) *	0.035 (>0.05)
	P_2	8.38 (0.00) *	33.79 (0.00) *	145.00 (0.00) *	3.115 (<0.05) *	0.035 (>0.05)
	B_1	0.01 (0.91)	0.01 (0.91)	0.73 (0.39)	0.059 (>0.05)	0.017 (>0.05)
	B_2	0.47 (0.49)	0.85 (0.36)	1.06 (0.30)	0.128 (>0.05)	0.076 (>0.05)
	F_2	0.00 (0.98)	0.00 (1.00)	0.01 (0.93)	0.095 (>0.05)	0.008 (>0.05)
B-1	P_1	45.62 (0.00) *	12.46 (0.00) *	145.00 (0.00) *	6.218 (<0.05) *	0.035 (>0.05)
	F_1	0.93 (0.33)	15.56 (0.00) *	145.00 (0.00) *	2.494 (<0.05) *	0.035 (>0.05)
	P_2	8.38 (0.00) *	33.79 (0.00) *	145.00 (0.00) *	3.115 (<0.05) *	0.035 (>0.05)
	B_1	0.03 (0.87)	0.00 (0.96)	0.22 (0.64)	0.048 (>0.05)	0.015 (>0.05)
	B_2	0.07 (0.80)	0.18 (0.67)	0.49 (0.48)	0.076 (>0.05)	0.061 (>0.05)
	F_2	0.03 (0.87)	0.01 (0.93)	0.09 (0.76)	0.164 (>0.05)	0.014 (>0.05)

注：＊表示 0.05 水平上差异显著。各统计量含义见 1.3

Note：＊indicates the different significance at $P<0.05$ level. The implication of each statistics refer to 1.3

3.2.3　遗传参数的估计（盖钧镒等，2003）

从表3-4可知，控制苦瓜对白粉病抗性的2对主基因的加性效应 d_a 和 d_b 相等，都为-12.00，第1对、第2对主基因的显性效应值分别为 h_a（-3.96）和 h_b（-14.57），加性效应和显性效应均为负值说明白粉病的抗性遗传存在着加性负效应和显性负效应，能够降低病情指数，同时提高苦瓜抗白粉病的能力，抗病性趋向于病情指数更小、高抗的亲本；第一对主基因势能比值 h_a/d_a 为0.33，其显性效应小于加性效应，具有正向部分显性作用，第二对主基因 h_b/d_b 为1.21，其显性效应大于加性效应，具有正向超显性作用，而两对主基因的加性效应值的绝对值 $|d_a+d_b|$ 大于其显性效应值的绝对值 $|h_a+h_b|$；此外，2对主基因间加性×加性效应 i 为-15.93，加性×显性效应 j_{ab} 为-6.04，有利于抗病，而显性×显性效应 l 为2.30，显性×加性效应 j_{ba} 为4.57，均不利于提高抗病性；2对主基因的上位性效应值（$i+j_{ab}+j_{ba}+l$）和多基因的加性效应为负值，总体增强了抗病能力。可见，在苦瓜04-17-3×25-1组合对白粉病抗性遗传中，2对主基因的加性效应、显性效应与上位性效应共同发挥着重要的作用。

从表3-4的二阶参数可知，B_1、B_2 和 F_2 的主基因遗传率分别为55.14%、43.56%和95.22%，多基因遗传率分别为16.10%、26.57%和0，F_2 的主基因遗传率最高，显著高于多基因遗传率。B_1、B_2 和 F_2 世代的主基因遗传率都大于相应世代的多基因遗传率，各世代主基因+多基因的遗传率分别为71.24%、70.03%和95.22%，数值均较大，说明主基因和多基因共同控制了苦瓜对白粉病的抗性，主基因起到了主要的作用。环境变异在4.78%~29.87%，环境条件变化对白粉病的抗性也存在部分影响。在苦瓜育种中对早期世代白粉病抗性的选择有效。

表3-4　E-1模型各遗传参数估计值

Table 3-4　The genetic parameters estimates of E1 model

一阶参数 1st parameter	估计值 Estimate	二阶参数 2nd parameter	估计值 Estimate		
			B_1	B_2	F_2
m	60.71	σ_p^2	208.42	200.72	364.44
d_a	-12.00	σ_{mg}^2	114.92	87.43	304.49
d_b	-12.00	σ_{pg}^2	33.56	53.34	0
h_a	-3.96	σ_e^2	59.95	59.95	59.95
h_b	-14.57	h_{mg}^2（%）	55.14	43.56	95.22
h_a/d_a	0.33	h_{pg}^2（%）	16.10	26.57	0
h_b/d_b	1.21	h_{mg+pg}^2（%）	71.24	70.13	95.22
i	-15.93	$1-h_{mg+pg}^2$（%）	28.76	29.87	4.78

（续表）

一阶参数 1st parameter	估计值 Estimate	二阶参数 2nd parameter	估计值 Estimate		
			B_1	B_2	F_2
j_{ab}	−6.04				
j_{ba}	4.57				
l	2.30				
[d]	−6.67				
[h]	4.77				

3.3　结论与讨论

前人对瓜类作物白粉病抗性遗传规律的研究主要采用质量性状的分析方法，但是众多的植物性状中绝对符合质量性状或数量性状的较少，多数性状同时受到主基因、主效 QTL 和微效 QTL 的控制（邵元健，2006）。主基因+多基因混合遗传分离分析方法把孟德尔分离分析方法合理地融合在数量性状遗传分析研究中，给出了数量性状基因体系及其效应的最佳估计，使植物性状的遗传分析更为深入、准确（沈丽平等，2011；咸丰等，2011；盖钧镒等，2003；段韫丹等，2015；徐强等，2014；林婷婷等，2014；牟建英等，2013；Gai J Y，等，2006；Gai J Y 和 Wang J K，1998；盖钧镒等，2000；章元明和盖钧镒，2000）。

本研究采用主基因+多基因6个世代联合分析苦瓜对白粉病抗性的遗传模式，符合 2 对加性-显性-上位性主基因+加性-显性多基因模型，抗病性状相对感病性状为不完全隐性，两对主基因的加性效应值｜d_a+d_b｜大于其显性效应值｜h_a+h_b｜，而米军红（2013）认为由 1 对单隐性基因决定了苦瓜对 *P. xanthii* 生理小种 1 的抗性，粟建文等（2007）利用 Hayman's 的遗传分析方法和 Griffing 的完全双列杂交的分析方法，分析得到有两对以上的基因决定了苦瓜对白粉病的抗性，抗病基因相对感病基因为不完全隐性，符合加性-显性模型。本研究结果与米军红（2013）不太一致，除了与所用的抗原材料遗传背景、病原菌种类和生理小种的分化不同有关，还有可能是白粉病抗性评价鉴定的体系不同、所用的遗传分析方法不同所致。本研究结果与粟建文（2007）的观点较为一致，但本研究发现白粉病抗性除了受两对主基因控制外，还受到多基因的影响，而且主基因之间还存在上位性效应，上位性效应值为负值，上述各种遗传效应的存在增强了植株的抗病性。本研究还发现存在部分的环境变异，在 4.78% ~ 29.87%。可见，2 对主基因的加性效应，显性效应与上位性效应在苦瓜抗白粉病中都发挥着重要的作用，F_2 主基因受环境影响较小，在回交世代中多基因遗传率占有一定比例，受环境影响较大，F_2 代无多基因遗传率。

在对瓜类白粉病的抗性遗传规律研究中，很多报道没有明确白粉病病原菌的类别和生理小种的种类，也有相当多的研究采用了国际通用的 13 个甜瓜鉴别寄主对瓜类白粉菌各生理小种（马鸿艳，2011）进行了鉴定，并得到了针对某一生理小种的抗性遗传规律。苦瓜的基础研究较为薄弱，尤其是对苦瓜白粉病病原菌的种类及生理小种的鉴定更是较其他作物落后，本研究在下一步工作中，重点研究苦瓜白粉病的种类，并对苦瓜白粉病的生理小种进行鉴定，以期为今后的苦瓜白粉病抗性研究提供基础理论支持。

综上所述，苦瓜对白粉病抗性的遗传由 2 对主基因和多基因决定，在 2 对主基因间存在加性、显性和上位性作用，在多基因间存在加性和显性作用，环境条件变异也对其抗性的遗传产生了部分影响，但在 F_2 中所占比例较低。因此，在苦瓜的白粉病抗性育种实践中，可以在早期世代进行选择，主基因的选择效率尤其以 F_2 代最高，同时应注意加性效应的利用，在双亲本中累积抗性基因。

4 苦瓜基因组 DNA 的提取及 ISSR 扩增体系的优化

苦瓜为葫芦科苦瓜属一年生草本植物，又名锦荔枝、颠葡萄、红姑娘等，是一种食药兼用的植物。苦瓜不仅有丰富的营养价值，而且有降血糖（Shetty A K. 等，2005）、抗菌、抗肿瘤、抗病毒（Szalai K，等，2005）、抗艾滋病等很高的药用功效（Hartley M R 和 Lord J M，2004）。近年来，随着人们对苦瓜的营养价值及诸多食疗功效的深刻认识，中国苦瓜生产发展迅速，栽培面积逐年扩大，从而推动了中国苦瓜育种研究工作的深入开展（高山等，2010），分子标记辅助育种研究逐渐增多，主要集中在苦瓜种质资源亲缘关系的鉴定（张长远等，2005）、杂种优势预测（刘政国，2008）等，将来还要涉及遗传图谱构建、抗病连锁标记的筛选、QTL 定位等诸多方面，而高纯度苦瓜基因组的获得是进行分子标记研究的前提条件，因此，研究苦瓜基因组 DNA 提取的最适方法和最合适的叶龄具有重要的意义。

ISSR 标记（Inter Simple Sequence Repeat，ISSR）技术主要是以一条与微卫星（SSRs）序列互补并在 3′或 5′端含有 2~4 个随机碱基的 DNA 序列为引物，对基因组 DNA 进行 PCR 扩增的一种新型分子标记技术（宣朴等，2006）。该技术对目前尚不清楚基因组序列的物种如苦瓜等尤为有用。与 RAPD 技术相比，ISSR 标记多态性水平更高、试验稳定性更好，且供试材料 DNA 量少、成本低（宣朴等，2006），与 AFLP、SSR 等分子标记相比，该标记操作简单，成本更低。目前，国内外 ISSR 分子标记已在多种作物的种质资源鉴定、品种鉴定中广泛应用，但是在苦瓜抗病性分子标记的研究中还未见报道。

本试验以苦瓜为材料，比较 4 种不同部位叶片提取的 DNA 产量和质量，筛选出最适提取 DNA 的叶片部位；同时比较提取基因组 DNA 的 4 种方法，筛选出苦瓜基因组 DNA 提取的最佳方法；针对退火温度、Mg^{2+} 浓度、*Taq* 酶的用量及模板 DNA、引物、dNTPs 等 PCR 反应的主要影响因素进行筛选优化，建立一个稳定的 ISSR-PCR 反应体系，使反应结果的重复性和可靠性能满足抗病分子标记的要求。以期对中国苦瓜种质资源的分子鉴定、分子进化、系统发育和遗传关系分析、抗病分子育种等研究提供参考和依据。

4.1 材料与方法

4.1.1 材料

供试材料为苦瓜自交系 04-17-3（由中国热带农业科学院热带蔬菜研究中心提供）。将种子温汤浸种后置于 28℃ 恒温箱催芽。种子萌芽后在穴盘中进行播种，常规管理，分别在展开 2 片子叶时采摘子叶、第一对真叶展开时采摘真叶，植株生长至 25 cm 左右时采摘深绿色成龄叶以及茎顶端嫩叶，采样时挑选生长状况良好、无病虫害的叶片，用清水洗净后，吸干水分迅速放置于-70℃超低温冰箱中保存备用。RNase、dNTPs、Mg^{2+} 和 *Taq* 酶购自北京金式全生物技术有限公司。

4.1.2 基因组 DNA 提取方法

（1）SDS 法　以 0.2g 左右幼嫩真叶为材料，采用 SDS（刘桂丰，2004）法提取苦瓜基因组 DNA。

（2）CTAB 法　以 0.2g 左右幼嫩真叶为材料，采用 CTAB 法（奥斯伯等，1998）提取苦瓜基因组 DNA。

（3）改良 CTAB 法　参考张长远等（2005）的改良 CTAB 法进行改良，称取 0.2g 左右幼嫩真叶，研磨材料前加入 PVP（聚乙烯吡咯烷酮），在用 CTAB 抽提液裂解时加入 2% β-巯基乙醇，抑制氧化反应，避免褐化。另外，在用异丙醇沉淀 DNA 后加入 2~4μL RNase（10mg/L）除去 RNA 杂质。

①将 0.2g 供试材料用液氮充分研磨，加入 500μL 预热的提取缓冲液，在 65℃ 水浴中保温 30min，期间缓慢颠倒管数次。②室温下 12 000 r/min 离心 10min，将上清液转移至另一离心管中。③加入等体积的 24：1 氯仿/异戊醇混匀，室温下 1 2000r/min 离心 5min。④重复上一步骤 2 次。⑤取上清液，加入 1/10 上清液体积的乙酸钠和等体积异丙醇混匀，室温置 10~20min 使沉淀生成。⑥ 12 000r/min 4℃ 离心 5min，弃上清液，用 70% 乙醇洗涤沉淀，真空干燥后加入 TE 缓冲液，充分溶解沉淀。⑦加入 2~4μL RNase（10mg/L）除去 RNA，4℃ 贮存备用。

（4）高盐低 pH 法　以 0.2g 左右幼嫩真叶为材料，采用高盐低 pH 法（王培训等，1999）提取苦瓜基因组 DNA。

4.1.3　DNA 的检测

4.1.3.1　紫外分光光度法检测

参考杨大翔（2005）编著的《遗传学实验》，用紫外分光光度计检测上述 4 种方法提取的 DNA 纯度。纯 DNA 样品 OD_{260}/OD_{280} 为 1.8，大于 1.9 则表明有 RNA 污染，小于 1.6 则表明有蛋白质或酚污染；OD_{260}/OD_{230} 值应大于 2.0，小于 2.0 表明溶液残存盐和核苷酸、氨基酸或者酚等小分子杂质（王培训等，1999）。

$$DNA 浓度（\mu g/mL）= 50 \times OD_{260} \times 稀释倍数$$

4.1.3.2　琼脂糖凝胶电泳检测

参考杨大翔编著的遗传学实验（杨大翔，2005）配制 10×TBE 缓冲液以及 0.5×TBE 缓冲液，制作 1.0%（W/V）琼脂糖凝胶（含 GoldView 染料）。将 2μL DNA 样品与 2μL 加样缓冲液、8μL 无菌水混匀点样，以 5V/cm 的电压电泳 30~35min，取出用捷达凝胶成像系统拍照进行 DNA 质量分析。

4.1.4　原初扩增条件及扩增程序

参照引物的 T_m 值和高山等（2007）的 ISSR-PCR 反应体系，原初的扩增反应总体积为 25μL，其中含 2.5μL 10×PCR buffer，2.5mmol/L $MgCl_2$，100μmol/L dNTPs，30 ng 模板 DNA，0.75U *Taq* 酶，0.5μmol/L 引物。UBC826 引物的退火温度范围分布于 49.8~60.0℃，用梯度 PCR 仪自动随机设置 49.8℃、50.3℃、50.8℃、51.8℃、53.0℃、54.2℃、55.5℃、56.7℃、57.9℃、58.9℃、59.4℃、60.0℃共 12 个退火温度。初步确定 ISSR-PCR 扩增程序为：94℃预变性 5min，92℃ 60 s，梯度退火温度下 70 s，72℃ 120 s，40 个循环；72℃ 7min，4℃保存。

所有反应均在美国伯乐公司生产的 Mycycle 梯度 PCR 仪中进行。反应结束后，扩增产物在 1.5%的琼脂糖凝胶中电泳，电泳缓冲液为 0.5×TBE，电泳条件为 120 V，45min，用捷达凝胶成像系统拍照分析。通过扩增出的条带的数目和清晰程度筛选出 UBC826 的最佳退火温度。

4.1.5　ISSR-PCR 反应体系的优化试验设计

应用正交设计法 L_{16}（45）正交表（张丽等，2011）对影响 ISSR-PCR 扩增的 Mg^{2+}、dNTPs、*Taq* 酶、模板 DNA 以及引物浓度等 5 个因素进行优化。各组分成分浓度梯度设置见表 4-1 和表 4-2。

表 4-1　ISSR-PCR 5 个组成成分浓度梯度表

Table 4-1　The concentration gradient table of five component in ISSR-PCR system

影响因子 Impact factor	水平 Level			
Mg^{2+}（mmol/L）	1.5	2.0	2.5	3.0
dNTPs（μmol/L）	150	200	250	300
Taq 酶（U）*Taq* enzyme	0.5	0.75	1.0	1.25
模板 DNA（ng）Template DNA	10	15	20	25
引物浓度（μmol/L）Primer concentration	0.4	0.5	0.6	0.7

ISSR-PCR 反应体系总体积为 25μL，以改良 CTAB 法从苦瓜嫩叶提取到的 DNA 稀释到 20ng/μL 作为模板 DNA，扩增引物选用 UBC826。

表 4-2　ISSR-PCR 5 个组成成分浓度梯度正交表

Table 4-2　the orthogonal table of five compoents' concentration gradient in ISSR-PCR system

序号 Number	影响因素 Impact factor				
	Mg^{2+} （mmol/L）	dNTPs （μmol/L）	模板 DNA（ng） Template DNA	*Taq* 酶（U） *Taq* enzyme	引物（μmol/L） Primer
1	1.5	150	10	0.5	0.4
2	1.5	200	15	0.75	0.5
3	1.5	250	20	1.0	0.6
4	1.5	300	25	1.25	0.7
5	2.0	150	15	1.0	0.7
6	2.0	200	10	1.25	0.6
7	2.0	250	25	0.5	0.5
8	2.0	300	20	0.75	0.4
9	2.5	150	20	1.25	0.5
10	2.5	200	25	1.0	0.4
11	2.5	250	10	0.75	0.7
12	2.5	300	15	0.5	0.6
13	3.0	150	25	0.75	0.6
14	3.0	200	20	0.5	0.7
15	3.0	250	15	1.25	0.4
16	3.0	300	10	1.0	0.5

4.1.6 优化体系的验证

利用优化后的 ISSR-PCR 扩增体系及筛选的引物的最佳退火温度对苦瓜茎顶端幼嫩真叶提取出的 DNA 进行扩增，扩增产物进行琼脂糖凝胶电泳检测，以图片的形式记录试验结果。

4.2 结果与分析

4.2.1 不同 DNA 提取方法的比较

表 4-3 显示，4 种方法提取的 DNA OD_{260}/OD_{280} 值均在 1.8～2.0，但改良 CTAB 法、SDS 法和 CTAB 法提取的 DNA OD_{260}/OD_{280} 值均大于 1.9，说明这 3 种方法提取的 DNA 含有杂质 RNA，与图 4-1 电泳结果一致。4 种方法提取的 DNA OD_{260}/OD_{230} 值均位于 2.0 左右，改良 CTAB 法、SDS 法和 CTAB 法提取的 DNA 的 OD_{260}/OD_{230} 值均大于 2.0，而高盐低 pH 法提取的 DNA 的 OD_{260}/OD_{230} 值为 1.97，小于 2.0，说明含有小分子杂质。从产量上看，改良 CTAB 法最高，每克叶片可获得 DNA 11.31μg，高盐低 pH 法产量最低，每克叶片可获得 DNA 7.96μg。

表 4-3 不同 DNA 提取方法的质量比较

Table 4-3 the DNA quality comparision of different DNA extraction methods

序号	提取方法	OD_{260}/OD_{280}	OD_{260}/OD_{230}	DNA 产量（μg/g）
1	SDS 法	1.95	2.25	10.18
2	CTAB 法	1.97	2.13	9.83
3	改良 CTAB 法	1.91	2.04	11.31
4	高盐低 pH 法	1.83	1.97	7.96

电泳分析结果（图 4-1）表明，4 种方法提取的 DNA 均无降解，改良 CTAB 法提取的苦瓜基因组 DNA 色泽明亮，点样孔无残留物质，条带下方有微弱的 RNA 残留，纯度高，用于 ISSR 扩增谱带清晰；SDS 法和 CTAB 法提取的基因组 DNA 条带也较亮，有微弱的 RNA 残留，纯度较高；高盐低 pH 法提取的基因组 DNA 条带虽然没有其他 3 种方法的条带亮，但是无任何 RNA 残留。

综合上述结果，4 种基因组 DNA 提取方法中高盐低 pH 法提取的基因组 DNA 虽然不含任何 RNA 杂质，但是条带亮度较弱，说明 DNA 产量不太高。而改良 CTAB 法提取的 DNA 浓度最高，纯度较好，故改良 CTAB 法是提取苦瓜基因组

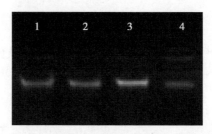

图 4-1　不同 DNA 提取方法的 DNA 电泳图谱

Fig. 4-1　The DNA electrophoretogram of different DNA extraction methods

1. SDS 法；2. CTAB 法；3. 改良 CTAB 法；4. 高盐低 pH 法

1. SDS method 2. CTAB method 3. improved CTAB method 4. High salinity low pH method

DNA 的最佳方法。

4.2.2　不同部位叶片基因组 DNA 提取效果的比较

　　表 4-4 和图 4-2 表明，4 种不同叶龄的材料均能够提取出 DNA，新生嫩叶和成龄真叶 DNA OD_{260}/OD_{280} 在 1.8 左右，产率以新生嫩叶最高（9.74μg/g），苦瓜子叶和第一对真叶为材料提取的 DNA 的电泳条带亮度较弱。试验中还发现，用苦瓜子叶作试材，提取 DNA，子叶较厚较硬，研磨费时、费工、费液氮，且杂质 RNA 去除不彻底，DNA 提取率较低。综合来说，以顶端嫩叶提取的 DNA 效果最佳。

表 4-4　不同部位叶片提取的 DNA 质量比较

Table 4-4　The DNA quality comparison of different leaves position

序号	叶子部位 Leaf position	OD_{260}/OD_{280}	OD_{260}/OD_{230}	DNA 产量（μg/g） DNA yield（μg/g）
1	子叶 Cotyledon	1.97	1.87	2.89
2	第一对真叶 The first pair of true leaves	1.91	2.32	4.53
3	成龄真叶 Mature true leaves	1.88	2.16	8.98
4	新生幼嫩真叶 New true leaves	1.89	2.08	9.74

4.2.3　退火温度对 ISSR-PCR 的影响

　　图 4-3 显示，ISSR-PCR 反应体系中 UBC826 引物在 49.8~60.0℃的 12 个退火温度下均能够扩增出 5 条以上且较清晰的条带。当退火温度为 49.8~56.0℃时，引物扩增出的一些清晰明亮的条带在退火温度上升为 56.0℃后亮度减弱、

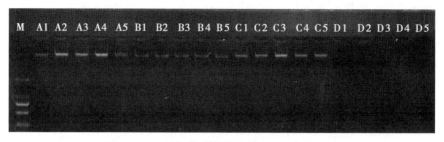

图 4-2　不同部位叶片提取的 DNA 电泳图谱

Fig. 4-2　The electrophoretogram of DNA extracted from different leaf position

M：DNA marker；A1～A5：新生嫩叶；B1～B5：第一对真叶；C1～C5：成龄真叶；D1～D5：子叶

M：DNA marker；A1-A5 New true leaves；B1-B5 The first pair of leaves；C1～C5：Mature true leaves；

D1-D5：Cotyledon

模糊不清；而 53.0℃下扩增条带数目较多而且清晰，效果最佳，因此 UBC826 引物进行 ISSR-PCR 扩增的最佳退火温度为 53.0℃。

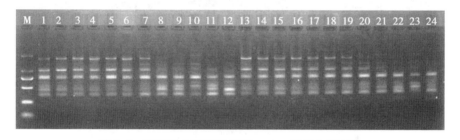

图 4-3　不同退火温度的 ISSR-PCR 扩增电泳图谱

Fig. 4-3　The amplification electrophoretogram of ISSR-PCR

with different annealing temperature

M：DNA marker；泳道 1、13：49.8℃；2、14：50.3℃；3、15：50.8℃；4、16：51.8℃；
5、17：53.0℃；6、18：54.2℃；7、19：55.5℃；8、20：56.7℃；9、21：57.9℃；10、
22：58.9℃；11、23：59.4℃；12、24：60.0℃

4.2.4　各组成成分浓度对 ISSR-PCR 的影响

此试验有五因素四水平共 16 个处理，除了第 5 个组合外，其他 15 个不同的浓度梯度组合都有扩增产物出现。由图 4-4 可知，随 Mg^{2+} 浓度增加，扩增条带表现出先增加再减少的趋势，即当 Mg^{2+} 浓度为 2.0mmol/L 和 2.5mmol/L 时扩增条带较多。另外，序号为 7、12、14 的组成的浓度梯度组合中部分条带亮度减弱、较模糊，说明当 *Taq* 酶浓度较低时，ISSR-PCR 扩增产物较少。而模板 DNA

和引物在设置的浓度范围内的扩增产物没有表现出明显的变化规律。

综合各种因子相互作用的结果，由扩增产物电泳图谱（图4-4）可知，第11号组合的扩增产物条带较多且清晰，因此ISSR-PCR反应体系（25μL）优化为：2.5μL 10×PCR buffer，2.5mmol/L MgCl$_2$，250μmol/L dNTPs，10ng模板DNA，0.75U *Taq*酶，引物浓度0.7μmol/L。

确定优化体系后进行重复试验对其加以验证，利用优化后的ISSR扩增体系对苦瓜茎顶端嫩叶提取出的DNA进行扩增，扩增产物进行琼脂糖凝胶电泳检测，结果与图4-4基本一致。

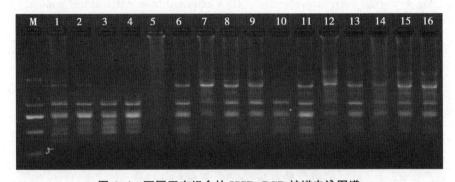

图4-4　不同正交组合的 ISSR-PCR 扩增电泳图谱

Fig. 4-4　The amplification electrophoretogram of ISSR-PCR
with different orthogonal combination

M：DNA marker；1~16参考表2的16个组合

1-16 refer to the table 2

4.3　结论与讨论

综合结果表明，4种DNA提取方法中以改良CTAB法提取的DNA质量最好，浓度和纯度均较高，试验步骤较少，操作简单，实用性最强。不同部位叶片提取DNA比较试验的结果表明，苦瓜新生嫩叶最适合用作提取基因组DNA的材料；用子叶作试材，提取DNA时，研磨费时费工，费液氮，且含有较多的RNA杂质，DNA提取率较低。同时试验结果也验证了材料的生理成熟度与提取的DNA的质量的关系：材料越幼嫩，DNA的提取率越高；而较老的材料糖类、蛋白质以及次生代谢物质的含量高，多酚类物质易氧化，使获得的DNA产量低、质量差、易降解，极大地影响了所提取的DNA浓度和纯度，与易庆平等（2007）的结论一致。

在提取 DNA 过程中对张长远等（2005）的改良 CTAB 法进行改进，如加入 β-巯基乙醇和高分子螯合剂 PVP（聚乙烯吡咯烷酮），能够有效地防止多酚物质氧化成醌类，避免褐化，提高所提取的 DNA 浓度和纯度，这与张丽（2011）的结论一致。提取 DNA 样品中蛋白质、糖类、多酚等各种杂质在一定范围内并不影响 ISSR-PCR 扩增的结果，与马小军等（1999）和文晓鹏等（2002）的试验结果一致。

ISSR-PCR 反应体系中，以 UBC826 为引物进行扩增的最佳退火温度为 53.0℃，此温度下扩增出的条带数目较多而且清晰。在该温度下应用正交设计法对影响 ISSR-PCR 扩增的 Mg^{2+}、dNTPs、Taq 酶、模板 DNA 以及引物浓度等 5 个因素进行优化，确定优化的反应体系为：2.5μL 10×PCR buffer，2.5mmol/L $MgCl_2$，250μmol/L dNTPs，10ng 模板 DNA，0.75U Taq 酶，引物浓度 0.7μmol/L，反应总体积为 25μL。该体系在多次重复中均能获得良好的扩增结果。

在 ISSR-PCR 试验中，适宜的退火温度、Mg^{2+} 浓度、Taq 酶、模板 DNA、引物浓度以及 dNTPs 的用量对扩增产物影响重大。Mg^{2+} 浓度可能会影响到 DNA 聚合酶活性，扩增产物特异性的强弱等方面。电泳图谱表明，反应体系中 Mg^{2+} 含量在 2.0mmol/L 和 2.5mmol/L 时扩增条带较多，过低或过高则会出现较多的不能重复的条带，甚至一些条带会消失。试验中还发现，当 Taq 酶浓度较低（0.5U/25μL）时，新链的合成效率下降，ISSR-PCR 扩增产物明显减少，而使用高浓度 Taq 酶不仅会造成经济上的浪费，而且容易产生非特异扩增产物积累，同样影响试验结果。而最终 ISSR 扩增反应优化体系的建立是 Mg^{2+}、dNTPs、Taq 酶、模板 DNA 以及引物浓度等 5 个因素综合作用的结果。另外，还应该尽量保持适宜并且一致的试验条件，如 PCR 反应加样时操作要迅速，保证低温环境，减少各组分降解；使用同一种型号甚至同一台 PCR 仪等。

5　苦瓜分子标记遗传连锁图谱的构建

　　苦瓜是一种药食兼用型蔬菜，目前在全国各地均有种植，是华南地区夏季消暑的重要蔬菜。随着分子标记技术和基因组测序技术的发展和进步，很多作物构建了各种标记和各种群体的遗传连锁图谱，甚至是高密度遗传连锁图谱，其对基因组学和辅助育种研究方面起到了重大的作用，如芝麻（zhang 等，2013）、荔枝（赵玉辉等，2010）、山葡萄（刘镇东，2012）、棉花（余渝，2010）、牡丹（蔡长福，2015）。瓜类蔬菜作物的遗传作图及 QTL 定位工作开展于 20 世纪 90 年代中期，到目前报道的瓜类作物分子遗传图谱超过 30 个，主要集中在黄瓜（Kennard 等，1994；Serquen 等，1997；Park 等，2000；Bradeen 等，2001；张海英等，2004；潘俊松等，2005；Li 等，2005；Yuan 等，2008；Ren 等，2009；程周超，2010；Zhang 等，2012）、西瓜（Hashizume 等，1996，2003；范敏等，2000；Hawkins 等，2001；易克等，2004；Levi 等，2006）、甜瓜（Baudraccl - Arnas 等，1996；Perin 等，2002；Gonzalo 等，2005）等 3 种作物上。但是苦瓜的分子遗传图谱的基础研究工作相对于瓜类其他作物落后，目前仅构建了 4 张遗传图谱。张长远（2008）、周坤华（2008）利用苦瓜野生类型 M041530 和栽培类型高代自交系 CY013 配组杂交获得 F_2 代作图群体共 120 株，采用 SRAP 标记技术首次开展了苦瓜分子遗传连锁图谱的构建，通过 Mapmaker/Exp 3.0 软件连锁分析，构建的黄瓜遗传图谱，覆盖基因组总长度为 2 094.2cM，标记间平均距离为 16.5cM。Kole 等（2012）也报道了利用 108 个 AFLP 标记，146 个 F_2 代绘制苦瓜连锁图，共构建了 11 个连锁群，总长度为 3 060.7cM，平均间距 22.75cM。汪自松（2012）采用 EST-SSR、SSR、AFLP 和 SRAP 四种标记构建了 194 个多态性位点的苦瓜 F_2 遗传连锁图谱，跨度 1 009.5cM，染色体长度从 22.5cM 到 151.7cM，平均长度为 84.1cM，分子标记之间的平均距离为 5.2cM。米军红（2013）利用 101 个 F_2 代分离群体和 5 对 SRAP 标记共 38 个多态性遗传位点，构建了一张分子遗传图谱，只有 3 个连锁群的标记数超过了 2 个，其余 8 个连锁群均只有 1 个标记。鉴于分子遗传图谱在分子标记辅助育种方面的作用巨大，而苦瓜的遗传图谱构建工作相对落后，本研究采用多代自交的野生苦瓜和栽培苦瓜杂交产生的 F_2 分离群体 120 株为构图群体，采用 ISSR、SRAP 和 SSR 标记构建苦瓜分子遗传连锁图谱。以期为后面苦瓜白粉病抗性的 QTL 定位做基础准备工作,同时也期望能和其他已有遗传图谱进行整合,构建高密度遗传图谱,为苦瓜农艺性状的定位、重要性状的基因克隆等做好基础工作。

5.1 材料与方法

5.1.1 材料

构图亲本为 04-17-3（P₁）和 25-1（P₂）（图 5-1），2 个亲本均是经过高代自交培育而成的自交系,遗传差异较大,P₁ 为野生材料,雌雄同株异花,叶片较大,叶色浓绿,分枝性强,长势茂盛,初花期晚,雌花分化少,果实短小,瘤多且尖,味较苦,种子有休眠期,对白粉病表现抗性。P₂ 为栽培品系,果实长条,无瘤,叶色淡绿,高感白粉病。两亲本杂交获得 F₁,F₁ 自交获得 F₂,2011 年 10 月将 F₂ 的 120 株分离群体种植于海南大学实践教学基地大棚,常规管理。

图 5-1　构图亲本 04-17-3 和 25-1

Fig. 5-1　parents for mapping 04-17-3 and 25-1

　　注：A、B 分别为野生苦瓜 04-17-3 的幼苗和果实；C、D 分别为栽培苦瓜 25-1 的幼苗和果实

　　Note：A and B is the seedling and fruit of wild bitter 04-17-3 respectively；C and D is the seedling and fruit of cultivar 25-1 respectively

ISSR 引物序列由加拿大 British Columbia 大学 NAPS Unit 的序列提供，共 100 对。SRAP 引物序列参照上海交通大学潘俊松（2006）、袁晓君（2008）和李丹丹（2010）的博士学位论文，其中有部分引物为符合 SRAP 引物原则的 AFLP 引物，共 957 对，序列见附录Ⅰ。SSR 引物主要来自于黄三文开发的黄瓜引物及西瓜、黄瓜已经报道的和白粉病抗性相关的标记，共 250 对，引物由北京诺赛基因组研究中心有限公司合成。

5.1.2　方法

5.1.2.1　基因组 DNA 提取

基因组 DNA 的提取和检测方法同第四章的改良 CTAB 法。

5.1.2.2　PCR 体系以及 PCR 产物的检测

（1）ISSR-PCR 反应体系及产物检测　按优化好的反应体系进行，具体成分、浓度等见第四章。ISSR-PCR 扩增程序和扩增产物检测均见第四章，用捷达凝胶成像系统拍照分析。

（2）SRAP-PCR 反应体系及产物检测　SRAP-PCR 的反应体系参照袁晓君（2008）博士学位论文；扩增产物检测参考李丹丹（2010）博士学位论文；电泳后进行银染，方法参考朱正歌等（2002）；以上方法均略作修改，见附录Ⅱ。显影后将胶版迅速转移入固定/终止液中，2~3min 后终止显影并固定影像，放入自来水中冲洗 3min；室温下干燥，干燥后用 Image ScannerⅢ扫描照相。

（3）SSR-PCR 反应体系及产物检测　SSR-PCR 反应体系参照袁晓君（2008）博士学位论文，除扩增产物检测用 6%变性聚丙烯酰胺凝胶外，其他均同 SRAP 标记。

5.1.2.3　标记的命名

ISSR 标记命名为：ISSR+编码+ a，b，c 等（若有多条多态性条带则按条带从小到大分别在后面添加小写英文字母），如 ISSR811 代表 ISSR 引物 811 产生的多态性标记；SRAP 标记的命名为：正向+反向引物名称+a，b，c（所代表的意义同 ISSR 标记命名）。如 ME10EM3b，代表正向引物 ME10 和反向引物 EM3 对基因组扩增后的分子量次小的一个多态性标记位点。SSR 标记按照原文献的命名。

5.1.2.4　数据统计

SSR 标记为共显性标记，采用"a"表示这个位点带型来自亲本 P_1；用"b"表示这个位点带型来自亲本 P_2；用"h"表示两亲本的杂合体带型；显性标记

ISSR 和 SRAP 则采用"c"来表示出现 P_2 显性带型的单株数据，则出现亲本 P_1 带型的则记载为"a"；以此类推，用"d"表示出现 P_1 显性带型的单株数据，则出现亲本 P_2 带型的则记载为"b"；"."表示缺失数据。

对统计到的每一个标记的带型在群体中的分布进行卡平方（χ^2）检验，统计其偏分离情况。

5.1.2.5　分子标记遗传连锁图谱的构建

用 JionMap4.0 软件对 F_2 群体的分子标记基因型进行遗传连锁图谱的构建。设定 LOD≥3.0，采用 Kosamhi 函数将重组率转化成遗传图距构建遗传图谱。

5.2　结果与分析

5.2.1　亲本间表现多态性引物的筛选

由图 5-2 的 DNA 琼脂糖电泳检测图可知，采用改良 CTAB 法提取的群体 DNA 质量较高，可以作为 ISSR、SRAP 和 SSR 分析的模板。采用 100 对 ISSR 引物对 04-17-3 和 25-1 两个模板进行多态性筛选，均能扩增出条带，其中有多态性的引物为 30 个，多态性引物比例为 30%。通过筛选，957 对 SRAP 引物（正向 29 条，反向 33 条）总共获得 98 对具有多态性的引物组合，占总引物对数的 10.24%，共计产生了 125 个多态位点，平均每对引物产生 1.28 个标记。每对引物组合平均可得到 10~20 条清晰可见的 DNA 片段条带，这些条带主要分布在 100~1 000bp。利用 250 对 SSR 引物对两个亲本进行多态性筛选，其中有 16 对在亲本间存在多态性，多态性引物比例为 6.40%。SSR 标记虽然为共显性标记，但对 F_2 群体进行 SSR 标记扩增后，产生的带型主要为共显性，也有个别标记呈现显性的带型，图 5-3 的 A、B 和 C 分别为部分 ISSR、SRAP 和 SSR 引物在两亲本间的多态性情况。

5.2.2　F_2 群体中分子标记的分离

从筛选得到的多态性引物中挑选扩增效果较好的 30 个 ISSR 引物、19 对 SRAP 引物和 16 对 SSR 引物对 120 个 F_2 单株进行扩增。图 5-4 为 3 种标记对若干 F_2 单株扩增的结果。对获得的所有标记位点在 F_2 群体的分离数据进行 χ^2 适合性检验，在 $P<0.05$ 时，有 33 个位点表现为显著的偏分离，占多态性位点总数的 27.50%，偏分离位点主要分布在第 1、第 2、第 3、第 10 连锁群上，其余的多态性位点在 F_2 单株间的表现都符合 1:3 或 1:2:1 分离比率。

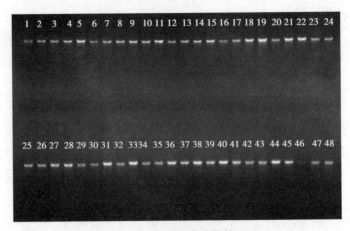

图 5-2　F₂ 群体部分单株的 DNA

Fig. 5-2　DNA of some individuals in F₂ progeny

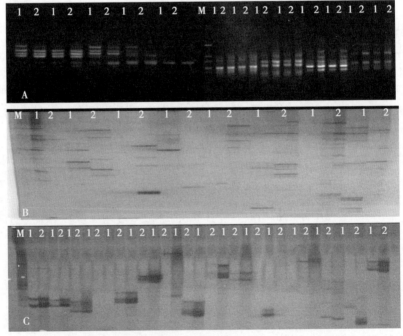

图 5-3　两亲本间具有多态性的引物筛选 (1：04-17-3，2：25-1)

Fig. 5-3　The selection of polymorphism primers in two parents

A：ISSR 标记的多态性筛选；B：SRAP 标记的多态性筛选；C：SSR 标记的多态性筛选

A：Polymorphism screening of ISSR marker；B：Polymorphism screening of SRAP marker；C：Polymorphism screening of SSR marker

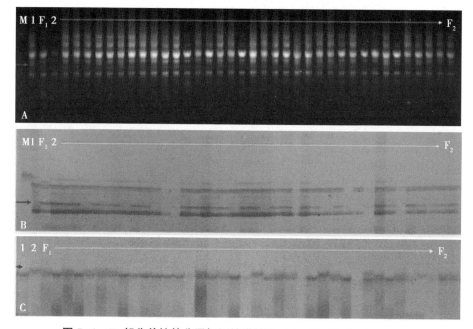

图 5-4 F₂ 部分单株的分子标记扩增结果 (1：04-17-3，2：25-1)

Fig. 5-4 Amplified bands by molecular marker in partial F₂ individuals

A：为引物 ISSR808 对部分 F₂ 单株扩增的结果；B：为引物 ME11EM9 对部分 F₂ 单株扩增的结果；C：为引物 BSSR1 对部分 F₂ 单株扩增的结果

A：Amplified bands by ISSR primer 808 in partial F₂ individuals；B：Amplified bands by ME11EM9 primer in partial F₂ individuals；C：Amplified bands by BSSR1 primer in partial F₂ individuals；

5.2.3 苦瓜分子标记遗传连锁图谱的构建

对获得的 120 个多态性标记位点数据，采用软件 JionMap 4.0 构建遗传连锁图。以含有 2 个和 2 个以上的标记的一组为一个连锁群，116 个多态性标记被划分为 13 个连锁群中，有 4 个标记未被分进任何连锁群。构建的连锁图总长为 732.1cM，包含 116 个位点，平均图距为 6.31cM，基本满足 QTL 定位的要求。

从下表和图 5-5 可知，每条连锁群上的标记数为 2~33 个，连锁群长度在 1.7~131.1cM，标记平均间距最大的为第 12 连锁群，为 16.10cM，平均间距最小为第 9 连锁群，为 0.85cM。第 1 连锁群是标记数最多的一个连锁群，分布有 33 个标记，图距达 131.1cM，平均间距为 3.97cM。第 4、第 6、第 7、第 8、第 9、第 11 和第 12 连锁群标记数较少，最少的只有 2 个标记。ISSR 标记主要分布在第1、第2、第3、第4和第6连锁群上，SRAP标记主要分布在第1、第3、第5、第7和第10连锁群上，SSR标记主要分布在第1和13连锁群上。第5、第6、第8、第11和第12连锁群的标记平均间距仍大于10cM。有18个偏分离标记分布于第10条连锁群上。由于标记数量不足导致标记位点之间存在较大空隙，所以有4个标记未拟合到连锁群上。

表 苦瓜分子标记遗传连锁图谱上标记分布情况
Table The marker distribution in bitter melon molecular genetic linkage map

连锁群 Linkage group	位点数 Marker numbers	连锁群长度 （cM） Distance of linkage group	平均间距 （cM） Average distance	分子标记在连锁群上的分布 Marker distribution in linkage map		
				ISSR	SRAP	SSR
1	33	131.1	3.97	17	7	9
2	12	62.8	5.23	12	0	0
3	13	86.8	6.68	5	8	0
4	4	31.7	7.93	4	0	0
5	6	61.4	10.23	2	4	0
6	5	62.7	12.54	4	1	0
7	5	27.7	5.54	1	4	0
8	3	41.9	13.97	2	1	0
9	2	1.7	0.85	0	2	0
10	23	122.9	5.34	0	23	0
11	2	23.4	11.7	0	1	1
12	2	32.2	16.1	0	2	0
13	6	45.8	7.63	0	0	6
合计	116	732.1	6.31	47	53	16

5.3 结论与讨论

5.3.1 苦瓜遗传连锁图谱的比较及饱和度分析

高密度的分子遗传连锁图谱主要可应用于各种功能的基因组学研究。我国苦瓜食用量和栽培面积较大，人们对苦瓜产量和品质育种提出了更高的要求。分子标记辅助育种以提高育种效率的基础是对某些重要品质和产量相关性状进行定位，寻找相关基因或紧密连锁的分子标记，但目前苦瓜的遗传、生理生化研究以及分子生物学的研究还不够成熟，因此，首先要着手去做的就是构建苦瓜分子遗传连锁图谱，此项工作对苦瓜的分子生物学研究和分子标记辅助育种具有重要意义。前人曾经构建了4张苦瓜遗传图谱（张长远，2008；汪自松，2012；Kole等，2012；米军红，2013），构建的遗传连锁图谱长度从1 009.5～2 094.2cM，标记间平均距离为 5.2~22.75cM。从构图群体的大小、上图标记的数量、整个基因组的覆盖率进行综合比较，汪自松构建的图谱质量较高，有较多的共显性的 EST-SSR 和 SSR 固定标记，上图的标记数量较多，标记间平均距离最小，为以后的图谱整合做好了标记准备。本研究构建的遗传图谱包含了 116 个标记（图 5-5），其中有 16 个 SSR 固定标记，总体来说质量也比较高。本研究构建的遗传图谱主要为白粉病抗性进行 QTL 定位做准备工作，如要进行基因克隆，按照方

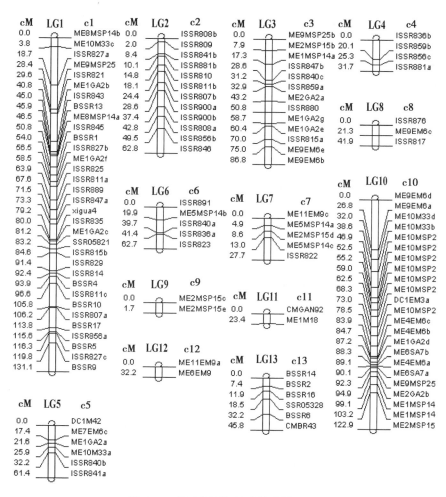

图 5-5　苦瓜分子标记遗传连锁图谱

Fig. 5-5　The molecular genetic linkage map of bitter melon

注：染色体右侧为标记的名称，左侧的数值为相邻标记间的遗传距离

Note：the right side of chromosome is the marker name；the left is the genetic distance of adjacent marker

宣钧等（2001）的说法，则要求目标区域标记的平均间隔在1cM以下，这是不符合定位要求的；但如果是为了进行主基因的定位，其平均间隔要求在 10~20cM 或更小，如果遗传图谱用于 QTL 定位，其图上标记的平均间隔要在 10cM 以下，之前构建的几张连锁图，仅汪自松（2012）构建的遗传连锁图标记间的平均距离小于 10cM，为 5.2cM，为农艺性状的 QTL 定位的合适遗传连锁图，而本研究构建的遗传连锁图标记间的平均距离为 6.31cM，连锁群上的标记分布比较均匀，对于后期的白粉病抗性的主基因定位或 QTL 定位都是合适的。

张长远（2008）构建的遗传图谱长度为 2 094.2cM，Kole 等（2012）的遗传图谱长度为 3 060.7cM，汪自松（2012）的为 1 009.5cM，而本研究构建的遗传图谱长度为 732.1cM，与前两个遗传图谱长度差距较大，和汪自松（2012）的结论较为接近，可能与作图亲本的不同有关系，其他瓜类如黄瓜、西瓜、甜瓜的染色体对数分别为 $2n=14$、$2n=22$、$2n=24$，染色体物理长度也有了相关研究报道，但目前由于苦瓜细胞遗传学研究非常薄弱，还没有估计苦瓜染色体物理长度的相关报道。另外据报道苦瓜有 11 对染色体（$2n=22$），遗传连锁群为 11 个是比较理想的，但目前构建的遗传图谱仅 Kole 等（2012）构建的连锁群为 11 个，实际上众多的遗传图谱和染色体的对数都是不对等的（Meglic & Staub，1996；Bradeen 等，2001），只有增加遗传图谱的饱和度和标记的种类才能获得理想的连锁群。目前苦瓜细胞遗传学的研究还比较落后，还不能把连锁群与染色体一一对应。

5.3.2 作图亲本及分离群体类型的选择

作图亲本选择的好坏直接影响图谱构建的质量以及适用范围（方宣钧，2001），一般在选择亲本时要考虑到亲本之间的亲缘关系，通常亲缘关系较远的亲本之间多态性较高，可以从形态、地理分布等方面的差异进行选择。Kole 等（2012）构建苦瓜遗传图谱选用的两个亲本分别在瓜色、光泽、刺瘤、种子颜色等性状上有较大差别，本研究选用了野生苦瓜和栽培苦瓜为亲本，二者在瓜形、叶色、瓜长、抗病性、瓜瘤等性状上差别较大，两亲本通过自交 8 代进行了纯化。但选择亲本时要注意差异过大会导致严重的偏分离现象，影响所建图谱的准确性和适用范围，后代结实率降低大大增加了构图群体创建的难度。

构建分子图谱的群体分为两类：一类为临时性分离群体，包括 F_2、回交群体等；另一类为永久性分离群体，包括 RI 和 DH 群体等（方宣钧，2001）。但目前大部分植物构建的遗传图谱都是用 F_2 群体（张长远，2008；袁晓君，2008；李丹丹，2010；李征，2010；Wang 等，2005）。F_2 群体建立起来比较容易，这是最大的优点，减少了工作量，但无法区别显性标记中的显性纯合和杂合性这两种基因型，因此分离群体单株的表现统一记成 c 或 d，这样会降低作图的精度。因此，为了减小误差，就必须使用较大的群体；F_2 群体另一个缺点是不能长期保存。本研究中也使用了 F_2 群体，主要是因为苦瓜的繁殖系数小（粟建文，1992），构建永久性分离群体存在较大困难，如 RI（重组自交系）需要从 F_2 开始采用单粒传方法来建立，但是经常会遇到某一棵苦瓜收不到种子，而导致随着世代数增加，单株越来越少的现象。在下一步的研究工作中，如果时间和经费及人力充足，可以选择扩大 F_2 群体，构建 RI 系，使构建的遗传图谱可以在不同的实验室比较、交流，提高 QTL 分析和重要农艺性状基因定位的准确性。

5.3.3　分子标记种类的选择

前人采用的作图分子标记主要有 RFLP（Kennard 等，1994）、AFLP（Kole 等，2012）、SRAP（Wang 等，2012；Yuan 等，2008）、EST-SSR（汪自松，2012）、SSR（蔡长福，2015；潘俊松，2006）、InDel 和 SNP（苏彦宾，2015）等标记。黄瓜由于实施了国际黄瓜基因组计划（CUGI），开发了 2 100多对 SSR 引物（Ren 等，2009），关嫒等（2007）、胡建斌等（2008）等通过互联网公布的转录组数据开发了一批黄瓜 EST-SSR 标记，这对于建立黄瓜饱和遗传图谱具有极大的促进作用。由于苦瓜全基因组测序还没有完成，基因组序列信息不清楚，开发出来分子标记很少，尤其是 EST-SSR 和 SSR 标记较少，而第三代分子标记 InDel 和 SNP 更少，因此本研究只能借助于黄瓜和西瓜等的 SSR 标记，发现许多引物无法扩增出条带，并且扩增出来条带的标记多态性非常低，仅为6.40%，再一次印证了瓜类作物的 SSR 标记通用性较差，如唐鑫等（2011）利用西瓜和甜瓜的 SSR 引物对苦瓜 DNA 扩增的通用性仅为 14.74%，在苦瓜材料之间具有多态性扩增的 SSR 引物只占 1.68%，因此必须开发适合苦瓜基因组的SSR 引物。本研究采用了 ISSR 标记和 SRAP 标记，引物的多态性比率分别为30%和 10.24%，相对于黄瓜（沈丽平，2009）的 ISSR 和 SRAP 标记的多态性比率（40%、15.87%）稍低，但仍说明 ISSR 和 SRAP 标记对于提高遗传图谱标记密度是非常有效果的一种标记。本研究中平均每个 SRAP 标记产生 1.28 个多态性位点，和汪自松（2012）的结果基本一致，其筛选了 10 对 SRAP 引物，产生清晰的多态性谱带 16 条，平均每对引物产生 1.6 条多态性谱带，都是显性标记，这也间接说明了苦瓜的遗传背景狭窄。

5.3.4　偏分离分析

F_2 群体的共显性标记的带型 a : h : b 不符合 1 : 2 : 1，显性标记的带型 a : c 或 b : d 不符合 1 : 3 分离比例，就认为该多态性位点出现了偏分离现象。本研究中有 27.5%的多态性位点表现出偏分离现象，有 75.76%的偏分离位点偏向于母本 04-17-3，SSR 和 ISSR 标记偏分离比率较低，一般认为两亲本亲缘关系越远，偏分离现象越严重（Kianian，1992），也有人认为不同配子的生存或竞争能力的差异造成了偏分离现象。本研究中较多的偏分离位点偏向于母本，可能与母本长势茂盛，抗病性强有关，李丹丹（2010）也发现偏分离位点偏于弱光耐性强的亲本。

5.3.5　结论

本研究利用 120 个 F_2 单株、120 个多态性标记（ISSR、SRAP、SSR）构建的连锁图总长为 732.1cM，包含 116 个位点，平均图距为 6.31cM，偏分离位点 33 个，占多态性位点总数的 27.50%，构建的连锁图谱从上图的标记数目、每条连锁群的饱和度、连锁群数目等各方面而言，利用该图谱进行下一步的对苦瓜白粉病抗性的主基因或 QTL 定位分析都比较合适。本图谱的构建成功将为苦瓜分子标记辅助育种奠定分子基础。

6 苦瓜白粉病抗性的 QTL 定位

苦瓜白粉病是一种广泛发生的常见的病害。无论是设施还是露地栽培，该病均会发生，尤其在设施栽培发达地区，病害逐年加重。药剂防治因污染环境、危害人类身体健康、造成白粉病生理小种激增，同时产生频施、多施杀菌剂的恶性循环等，使人们开始把目光定位于选育抗病品种并向生产一线推广抗病品种。选育优良抗病品种如能找到白粉病抗性基因或找到紧密连锁的标记，常常会加速育种进程。而对白粉病抗性的 QTL 定位，将为解决这个问题提供有效方法。瓜类蔬菜作物 QTL 定位工作开展于 90 年代中期，集中在黄瓜、西瓜和甜瓜等 3 种作物上，涉及 QTL 定位的性状超过 30 个。而应用分子标记技术开展葫芦科植物的抗白粉病育种，甜瓜和黄瓜上研究的比较多。Fukino 等（2008）定位了与甜瓜抗白粉病基因连锁的 2 个 QTL 位点。Yuste-Lisbona 等（2011）找到了抗白粉病生理小种 1、2、5 的连锁标记 MRGH5 和 MRGH63。Zhang 等（2013）运用了 SSR 标记和 CAPS 分子标记定位了香瓜抗 *P. xanthii* 生理小种 2F 基因 *Pm-2F*；张海英等（2008）发现了 2 个与黄瓜白粉病抗性主效基因连锁的 SSR 分子标记 SSR97-200 和 SSR273-300，遗传距离仅 5.13cM。刘龙州（2008）共检测到 5 个黄瓜白粉病抗性 QTLs；沈丽平（2009）将控制黄瓜白粉病抗性的 QTL 位点 2 个，定位于第 3 连锁群上，贡献率为 7.6% 和 13.5%。米军红（2013）根据筛选得到的相关分子标记将苦瓜抗 *P. xanthii* 生理小种 1 基因初步定位到分子遗传图谱上。

苦瓜对白粉病的抗性是苦瓜露地和设施栽培及抗病育种的重要性状，其 QTL 定位是尚未解决的重要科学问题。本项目拟以鉴定得到的高抗白粉病的苦瓜品系 04-17-3 为试材，利用高感白粉病的苦瓜品系 25-1 与其配制杂交组合和分离群体，接种白粉病菌后统计单株的发病情况，利用已构建的苦瓜分子标记遗传图谱将白粉病抗性进行 QTL 定位。该结果将为使用分子标记培育抗白粉病苦瓜新品种、为苦瓜重要性状基因克隆、白粉病抗性相关的分子机制研究及 QTL 分析和遗传图谱整合奠定基础，对苦瓜的分子育种及葫芦科作物比较基因组学研究有重要意义。

6.1 材料与方法

6.1.1 材料

以高抗白粉病的野生苦瓜高代自交系 04-17-3 与高感白粉病的苦瓜栽培品系 25-1 杂交配制的 120 个 F_2 单株和 F_2 单粒传获得的 120 个 $F_{2:3}$ 家系为白粉病抗性性状调查群体。

6.1.2 方法

白粉病性状调查：2011 年 10 月，在海南大学园艺园林学院的拱圆形大棚内定植 F_2 的 120 个单株，2012 年 1 月，在海南大学园艺园林学院的锯齿形大棚内定植 120 个 $F_{2:3}$ 家系，同时种植 04-17-3 和 25-1 自交系，采用完全随机区组实验设计，重复两次，每次每家系 5 株。整个生育期同常规管理，植株 6 片真叶展开时，人工接种白粉病菌。白粉病菌来源、人工接种方法、病情调查方法及计算公式同第二章。接种后 16d，每株从下到上调查 6 片叶。

QTL 分析方法：采用 WinQTLCart 2.5 软件进行 QTL 分析（Basten 等，2001），分析方法参考李丹丹（2010），软件自动计算每个 QTL 对白粉病抗性的贡献率和遗传效应。

6.2 结果与分析

6.2.1 不同年份两亲本和 F_2 及 $F_{2:3}$ 的性状变异分析

方差分析表明，两亲本的病情指数在不同年份均达到 0.01 水平的显著性差异（表 6-1）。2012 年春季两亲本的病情指数较 2011 年秋季都偏大，可能由于 2012 年气候条件更适于白粉病的发病。由表 6-2 可知，F_2 和 $F_{2:3}$ 家系在不同年份病情指数的平均值有差别，与 $F_{2:3}$ 基因型的差异有关，另外不同年份的气候条件对病情指数有较大的影响。两年的病情指数的偏度和峰度均小于 1，从图 6-1、图 6-2 可以看出 F_2 和 $F_{2:3}$ 家系的病情指数都呈正态分布。

表 6-1 亲本在两年间白粉病抗性的变异

Table 6-1 Variance of powdery mildew resistance of parent lines in two years

性状	2011 年 2011 year			2012 年 2012 year		
Traits	P_1	P_2	F-Value	P_1	P_2	F-Value
病情指数 Disease index	14.51±1.60	75.56±3.04	273.35**	33.15±1.04	81.11±1.13	734.10**

表 6-2 F_2 和 $F_{2:3}$ 家系在两年间白粉病病情指数的变异

Table 6-2 The disease index variation of F_2 and $F_{2:3}$ family in two years

年份 Year	世代 Generation	平均值±标准差 Mean±SD	变幅 Rang	峰度 Kurtosis	偏度 Skewness
2011	F_2	58.23±1.49	22.22~92.59	-0.62	-0.40
2012	$F_{2:3}$	59.12±1.55	18.22~90.59	-0.49	-0.51

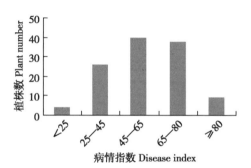

图 6-1 F_2 群体病情指数的次数分布

Fig. 6-1 The frequency distribution map of disease index of F_2 group

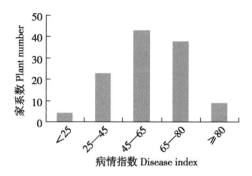

图 6-2 $F_{2:3}$ 家系病情指数的次数分布

Fig. 6-2 The frequency distribution map of disease index of $F_{2:3}$ family

6.2.2 对白粉病病情指数进行 QTL 定位

6.2.2.1 对 F_2 白粉病病情指数进行 QTL 定位

在 F_2 代中共检测到 6 个 QTL 位点，主要位于第 1、第 8 和第 10 连锁群上，见图 6-3 和表 6-3。贡献率从 0.65% 至 12.15%，超过 10% 的只有 1 个位点（$Bz1.1$），其余均在 5% 左右，贡献率最小的为 $Bz1.2$，仅有 0.65%。6 个 QTL 位点的总贡献率为 39.02%。F_2 代检测到的加性效应正负均有，显性效应正值居多且效应值较大，说明白粉病病情指数的显性效应多来自感病亲本 25-1。

表 6-3　F_2 及 $F_{2:3}$ 家系中病情指数的 QTL 定位

Table 6-3　QTL mapping of disease index in F_2 and $F_{2:3}$ family

性状 Traits/QTL	连锁群 LG	侧翼标记 Flanking loci	图谱位置 Position (cM)	2011年				2012年			
				LOD	贡献率 R^2 (%)	加性效应 Add	显性效应 DOM	LOD	贡献率 R^2 (%)	加性效应 Add	显性效应 DOM
$Bz1.1$	1	ISSR827a-ME9MSP25	28.4	2.80	12.15	-4.02	8.01	2.84	12.16	-4.16	7.74
$Bz1.2$	1	ISSR889-ISSR847a	77.3	3.47	0.65	2.54	12.28	3.55	0.97	2.03	12.60
$Bz1.3$	1	ISSR856a-BSSR5	116.3	2.65	5.25	6.33	2.76	2.87	5.23	6.38	3.07
$Bz3.1$	3	ISSR880-ME1GA2g	59.7	—	—	—	—	2.57	10.27	8.85	4.46
$Bz7.1$	7	ME11EM9c-ME5MSP14a	1.0	—	—	—	—	3.43	3.46	-3.93	-26.05
$Bz8.1$	8	ISSR876-ME9EM6c	18.0	3.06	9.66	10.50	4.67	3.21	11.04	10.94	3.98
$Bz10.1$	10	ME9EM6a-ME10M33d	37.1	—	—	—	—	2.95	1.61	6.98	-23.58
$Bz10.2$	10	ME10M33d-ME10M33b	40.6	—	—	—	—	3.33	2.27	6.46	-25.58
$Bz10.3$	10	ME10MSP24g-ME10MSP24e	54.5	—	—	—	—	2.77	4.40	-6.11	-5.78
$Bz10.4$	10	ME10MSP24c-ME10MSP24f	62.5	3.62	6.24	-7.55	-5.31	5.01	5.58	-7.18	-8.17
$Bz10.5$	10	ME1MSP14c-E1MSP14b	103.2	8.75	5.07	0.24	26.00	9.11	5.87	-1.21	27.11

注：QTL 名称为：Bz+连锁群号+该位点于连锁群上编号（自上而下）+1 或 2……n，a 为 F_2 在 2011 年秋季，b 为 $F_{2:3}$ 家系在 2012 年春季

Note：The name of QTL were Bz+ the number of linkage groups+ the number of this locus in linkage group （from top to bottom）+1 or 2……n；a represented F2 in the autumn of 2011；b repretended $F_{2:3}$ family in the spring of 2012

6.2.2.2 对 $F_{2:3}$ 家系白粉病病情指数进行 QTL 定位

在 $F_{2:3}$ 家系中共检测到 11 个 QTL 位点，见图 6-3 和表 6-3。第一连锁群上有 3 个位点，第 10 连锁群上有 5 个位点。这两条连锁群上位点比较集中。QTLs

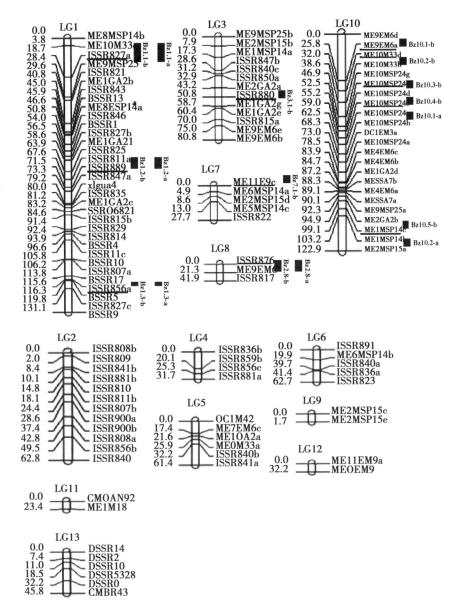

图 6-3 苦瓜白粉病病情指数 QTL 定位

Fig. 6-3 QTL mapping of bitter melon's powdery mildew disease index

贡献率从 0.97% 到 12.16%，其中贡献率超过 10% 的有 3 个位点，分别是 *Bz*1.1、*Bz*3.1 和 *Bz*8.1，位于第 1、第 3 和第 8 连锁群上。此外，在第 10 连锁群发现有 3

个 QTL 位点距离特别近，分别在第 3、第 4 和第 6 个标记之间。$F_{2:3}$ 家系中的 11 个 QTL 位点贡献率总和为 62.86%。$F_{2:3}$ 家系中检测到的加性效应有正有负，显性效应中正负位点相差无几。个别基因的效应值较大，如位于第 8 连锁群上的 $Bz8.1$ 的正向加性效应值为 10.94；位于第 10 连锁群上的 $Bz10.5$ 显性效应值达到了 27.11，负向显性效应值达到了 -26.05。

综上所述，有 6 个 QTL 在 F_2（2011 年秋季）和 $F_{2:3}$ 家系（2012 年春季）分别定位在了相同的基因座（$Bz1.1/LG1$，28.4cM；$Bz1.2/LG1$，77.3cM；$Bz1.3/LG1$，116.3cM；$Bz8.1/LG8$，18.0cM；$Bz10.4/LG10$，62.5cM；$Bz10.5/LG10$，103.2cM）。其中 QTL $Bz1.1$ 和 $Bz1.3$ 在两年中的贡献率相差不多，分别相差 0.01% 和 0.02%。6 个 QTL 位点的加性和显性效应的方向性比较一致。

6.3 结论与讨论

6.3.1 讨论

通过 QTL 定位分析，有 6 个 QTLs（$Bz1.1$、$Bz1.2$、$Bz1.3$、$Bz8.1$、$Bz10.4$、$Bz10.5$）在 2011 年的 F_2 和 2012 年的 $F_{2:3}$ 均能检测到，但只有 $Bz1.1$、$Bz8.1$ 解释的遗传效应在 10% 以上，$F_{2:3}$ 在 2012 年 $Bz3.1$、$Bz8.1$ 两个 QTL 解释的遗传效应在 10% 以上，分别为 10.27% 和 10.04%。一般认为，主基因的遗传效应一般可解释表型变异约 40% 以上（向道权等，2001）；本研究的 QTL 的遗传效应没有达到 40% 以上的，因此没有定位到主基因，而如果定位到多个基因，每个基因的效应约能解释表型变异的 20% 以上，则认为是主效 QTLs；如能解释的表型变异不到 10%，则一般被认为是微效 QTLs（向道权等，2001；袁有禄，2002；Yamamoto 等，1998），本研究定位的 QTL，既有主效 QTLs，也有许多微效 QTLs。

$F_{2:3}$ 家系在表型上有超亲类型存在，但是检测的所有 QTLs，加性效应大部分由抗性亲本提供，感病亲本可能效应太低，对结果没有太大影响，难于检测到。F_2 和 $F_{2:3}$ 家系在两个年度上共检测到的 17 个 QTL，其中有 6 个 QTLs 在两季同时被检测到；还有 5 个 QTLs 在 F_2 试验中没有检测到，这可能与两年的气候环境不同有关系，因此为了提高 QTL 定位的准确性，要增强信号，减小噪声（方宣钧，2001）。遗传背景和环境是噪音的两个来源，控制遗传背景噪声的一个很重要的方法是从统计上进行控制，所以采用合适的软件，选用合适的方法非常重要。如袁晓君（2008）分别用 QTLMapper1.6 和 WinQTLCart2.5 软件进行 QTL 定位，同样是 F_3 家系群体，得到的 QTLs 数量以及位置不完全相同，WinQTLCart2.5 比 QTLMapper1.6 有更高的检出率与稳定性。而复合区间定位法相较于区间定位法计算直观性好、计算易于自动化，避免了无法排除被检区间之外的 QTL 对被检区间的影响，因此目前使用此方法进行定位的较多。

本研究中 $F_{2:3}$ 家系检出 11 个 QTL 位点，较 F_2 多出 5 个，可以发现 F_3 家系群体定位的位点远多于 F_2 群体，使用 F_3 家系进行 QTL 定位比使用 F_2 群体更为准确，验证了袁晓君（2008）的结论。本研究并且通过 F_2 和 $F_{2:3}$ 家系群体的 2 年 2 季 2 地的重复及验证，试验结果具有很好的准确性。

目前对苦瓜白粉病抗性基因进行定位研究的比较少，仅米军红（2013）对白粉病抗性进行了初步定位，构建的遗传图谱好的只有 3 个连锁群，推测有 5 个标记可能与抗性基因连锁。由于本实验采用的温室环境、接种时期和所用作图群体和前人有较大差别，而且前人的研究结果中缺乏足够的固定标记来锚定相对应的染色体位置，所以图谱较难整合，无法进行 QTLs 的比对。在下一步的研究中要大力开发固定标记，构建饱和遗传图谱，采用原位杂交等技术实现分子标记遗传连锁群和染色体的对接，使遗传图谱能够进行整合，从而不同遗传图谱的 QTLs 实现对比。

6.3.2 结论

在 F_2 代中共检测到 6 个 QTL 位点，主要位于第 1、第 8 和第 10 连锁群上。贡献率超过 10% 的只有 1 个位点（$Bz1.1$），6 个 QTL 位点的总贡献率为 39.02%。在 $F_{2:3}$ 家系中共检测到 11 个 QTL 位点，其中贡献率超过 10% 的有 3 个位点，$F_{2:3}$ 家系中的 11 个 QTL 位点贡献率总和为 62.86%。有 6 个 QTL 在 F_2（2011 年秋季）和 $F_{2:3}$ 家系（2012 年春季）分别定位在了相同的基因座（$Bz1.1$/LG1，28.4cM；$Bz1.2$/ LG1，77.3cM；$Bz1.3$/LG1，116.3cM；$Bz8.1$/ LG8，18.0cM；$Bz10.4$/LG10，62.5cM；$Bz10.5$/LG10，103.2cM）。其中 QTL $Bz1.1$ 和 $Bz1.3$ 在两年中的贡献率相差不多，分别相差 0.01% 和 0.02%。6 个 QTL 位点的加性和显性效应的方向性比较一致。

7 结论与展望

7.1 结论

本研究针对目前苦瓜温室及露地生产中白粉病发病严重，生产中迫切需要抗白粉病品种的情况下，对苦瓜白粉病抗性的生理生化、叶片结构、遗传机制和白粉病抗性的 QTL 定位进行了深入研究，主要结果如下。

7.1.1 苦瓜种质资源白粉病抗性鉴定及其抗性的生理生化基础

不同来源的苦瓜品系之间白粉病发病程度表现出较大的差异和多样性，28.57% 的苦瓜种质资源表现为抗病，28.57% 表现为中抗，33.33% 表现为感病，9.53% 表现为高感。

说明白粉病菌侵染苦瓜后，抗病品系可通过保持较高的叶绿素质量分数，增加可溶性糖、可溶性蛋白、AsA 质量分数及增强 POD、PPO、PAL、APX 活性来提高抗病性。蜡质含量与病情指数呈显著负相关，蜡质层是其抵抗和延迟病原菌侵入的一个有力结构屏障。叶背面的气孔及茸毛密度与病情指数呈显著正相关关系。叶绿素、可溶性糖质量分数和 POD、PAL、PPO 活性、叶片蜡质含量、叶背面气孔及茸毛密度均可作为苦瓜对白粉病抗性早期鉴定的辅助指标；APX 活性与白粉病抗性虽未显著相关，但相关系数较大，可作为参考指标。

7.1.2 苦瓜白粉病抗性的遗传特性

苦瓜对白粉病的抗性遗传符合 2 对加性−显性−上位性主基因+加性−显性多基因模型（E−1），抗病对感病为不完全隐性；2 对主基因的加性效应值均为−12.00；2 对主基因分别具有正向部分显性和正向超显性作用，加性效应值均大于其显性效应值，上位性效应值（$i+j_{ab}+j_{ba}+l$）为负值。从遗传率上看，回交世代和 F_2 的主基因的值分别为 55.14%、43.56% 和 95.22%，多基因的值分别为 16.10%、26.57% 和 0，环境变异在 4.78%~29.87%。主基因和多基因共同决定了苦瓜对白粉病的抗性，以主基因遗传为主，同时还受到环境变异的部分影响。

在白粉病抗性育种过程中，应注意利用加性效应，选用白粉病抗性基因较多的材料作为亲本，并在早代进行选择，尤其是 F_2 代主基因选择效率最高。

7.1.3 苦瓜 DNA 提取及 ISSR 扩增体系的优化

采用改良 CTAB 法从苦瓜顶端嫩叶中提取的基因组 DNA OD_{260}/OD_{280} 值在 1.8~1.9 之间，OD_{260}/OD_{230} 值为 2.0 左右，对 DNA 样品进行琼脂糖凝胶电泳检测，主带清晰，降解较少，产量和纯度均较高，效果较好。优化后的 ISSR-PCR 反应体系为：2.5μL 10×PCR Buffer，2.5mmol/L $MgCl_2$，250μmol/L dNTPs，10ng 模板 DNA，0.75U *Taq* 酶，引物浓度 0.7μmol/L，反应总体积为 25μL，引物 UBC826 最佳退火温度为 53℃。该体系在多次重复中均能获得良好的扩增结果。苦瓜基因组 DNA 提取的最佳方法为改良 CTAB 法，最适合的部位为顶端嫩叶。

7.1.4 苦瓜遗传连锁图谱构建

对获得的 120 个多态性标记位点数据，采用软件 JionMap 4.0 构建遗传连锁图。以含有 2 个和 2 个以上的标记的一组为一个连锁群，116 个多态性标记被划分到 13 个连锁群中，有 4 个标记未被分进任何连锁群。构建的连锁图总长为732.1cM，包含 120 个位点，平均图距为 6.31cM，基本满足 QTL 定位的要求。

每条染色体上的标记数为 2~33 个，距离在 1.7~131.1cM，标记平均间距最大的为第 12 连锁群，为 16.10cM，平均间距最小为第 9 连锁群，为 0.85cM。第1 连锁群是标记数最多的一个连锁群，分布有 33 个标记，图距达 131.1cM，平均间距为 3.97cM。第 4、6、7、8、9、11 和第 12 连锁群标记数较少，最少的只有 2 个标记。第 5、6、8、11 和 12 连锁群的标记平均间距仍大于 10cM。有 18个偏分离标记分布于第 10 条连锁群上。由于个别标记位点之间存在较大空隙，有 4 个标记未拟合到连锁群上。

7.1.5 苦瓜白粉病抗性的 QTL 定位

在 F_2 代中共检测到 6 个 QTL 位点，主要位于第 1、第 8 和第 10 连锁群上。贡献率超过 10% 的只有 1 个位点（*Bz*1.1），其余均在 5% 左右，6 个 QTL 位点的总贡献率为 39.02%。

在 $F_{2:3}$ 家系中共检测到 11 个 QTL 位点。第一连锁群上有 3 个位点，第 10 连锁群上有 5 个位点，其中贡献率超过 10% 的有 3 个位点，分别是 *Bz*1.1、*Bz*3.1和 *Bz*8.1。此外，$F_{2:3}$ 家系中的 11 个 QTL 位点贡献率总和为 62.86%。

有 6 个 QTL 在 F_2（2011 年秋季）和 $F_{2:3}$ 家系（2012 年春季）分别定位在了相同的基因座（*Bz*1.1/LG1，28.4cM；*Bz*1.2/ LG1，77.3cM；*Bz*1.3/LG1，

116.3cM；*Bz*8.1/LG8，18.0cM；*Bz*10.4/LG10，62.5cM；*Bz*10.5/LG10，103.2cM）。其中 QTL *Bz*1.1 和 *Bz*1.3 在两年中的贡献率相差不多，分别相差 0.01%和 0.02%。6 个 QTL 位点的加性和显性效应的方向性比较一致。

7.2 展望

一是，对白粉病及生理生化机制的基础研究还需进一步深入，要确定苦瓜主产区的白粉病菌种类及优势生理小种，从控制防御酶系的基因表达方面着手，弄清楚整个防御系统的工作机制。

二是，加快苦瓜永久构图群体的构建，对于一些重要性状尽快实现基因定位，以满足标记辅助育种的需要，对于本研究定位的一些表现稳定且主效的 QTLs 可以进一步进行研究，以期为加速育种进程做贡献。

三是，加快苦瓜基因组测序的工作，开发永久标记，构建饱和遗传图谱，为性状定位准备基础条件，开展 DNA 荧光原位杂交（FISH），尽早将遗传连锁图和染色体图整合。

四是，对本研究中检测的 QTLs，还需多年多点不同环境进一步验证，尝试使用线性复合区间定位法，发掘 QTLs 间的上位作用和与环境的互作效应，获得更多的遗传效应信息。

参考文献

阿历索保罗，等.1983.真菌学概论［M］.余永年，宋大康译.北京：农业
    出版社.

奥斯伯，等.1998.精编分子生物学实验指南［M］.金由辛，包慧中，赵丽
    云，等译.北京：科学出版社.

包文风，王吉明，尚建立，等.2011.基于公共数据库的西瓜 EST-SSR 信息
    分析与标记开发［J］.华北农学报，26（2）：85-89.

薄凯亮，Yiqun Weng，陈劲枫.2013.西双版纳黄瓜短下胚轴基因的精细定
    位［C］.中国园艺学会黄瓜分会第四届年会论文摘要集.广州：中国园
    艺学会黄瓜分会.

蔡长福.2015.牡丹高密度遗传图谱构建及重要性状 QTL 分析［D］.北京：
    北京林业大学.

陈厚德，王彰明，李清铣.1989.大麦植株叶片含糖量与白粉病关系的初步
    研究［J］.植物病理学报，19（3）：166.

陈利锋，叶茂炳，陈永幸，等.1997.抗坏血酸与小麦抗赤霉病性的关系
    ［J］.植物病理学报，27（2）：113-118.

陈志谊，王玉环，尹尚智.1992.水稻纹枯病抗性机制的研究［J］.中国农
    业科学，25（4）：41-46.

邓欣，谭济才.2005.茶树抗病的生化基础和形态抗性概述［C］.2005 年中
    南、西南植物病理学会和中国菌物学会联合学术年会论文集.北京：中国
    植物病理学会.

丁九敏，高洪斌，刘玉石，等.2005.黄瓜霜霉病抗性与叶片中生理生化物
    质含量关系的研究［J］.辽宁农业科学（1）：11-13.

董毅敏，徐建华，郭季芳.1990.抗病和感病黄瓜品种感染白粉病菌后几种
    酶活性的变化［J］.植物学报，32（2）：160-164.

段锟丹，邱杨，汪精磊.2015.萝卜不同抗原对黑腐病抗性的遗传分析［J］.
    植物遗传资源学报，16（1）：1-6.

段紫英，胡丽芳，黄长干，等.2012.15 665 个黄瓜 EST-SSR 位点的引物设
    计及多态性检测［J］.生物技术世界（5）：51-52.

范海延，陈捷，程根武，等 . 2005. 应答白粉病菌胁迫的黄瓜功能蛋白质组学研究 [J]. 西北农林科技大学学报：自然科学版，33（S1）：71.

范敏，许勇，张海英，等 . 2000. 西瓜果实性状 QTL 定位及其遗传效应分析 [J]. 遗传学报，27（10）：902-910.

方树民，王正荣，柯玉琴，等 . 2007. 花生品种对疮痂病抗性及其机制的研究 [J]. 中国农业科学，40（2）：291-297.

方宣钧，吴为人，唐纪良 . 2001. 作物 DNA 标记辅助育种 [M]. 北京：科技出版社 .

房保海，张广民，迟长凤，等 . 2004. 烟草低头黑病菌毒素对烟草丙二醛含量和某些防御酶的动态影响 [J]. 植物病理学报，34（1）：27-31.

冯丽贞，刘玉宝，郭素枝，等 . 2008. 桉树叶片的解剖结构与其对焦枯病抗性的关系 [J]. 电子显微学报，27（3）：229-234.

盖钧镒，章元明，王建康 . 2000. QTL 混合遗传模型扩展至 2 对主基因+多基因时的多世代联合分析 [J]. 作物学报，26（4）：385-391.

盖钧镒，章元明，王建康 . 2003. 植物数量性状遗传体系 [M]. 北京：科学出版社 .

盖钧镒 . 2008. 试验统计方法 [M]. 北京：中国农业出版社，383.

高美玲，朱子成，高鹏，等 . 2011. 甜瓜重组自交系群体 SSR 遗传图谱构建及纯雌性基因定位 [J]. 园艺学报，38（7）：1308-1316.

高山，林碧英，许端祥，等 . 2010. 苦瓜种质遗传多样性的 RAPD 和 ISSR 分析 [J]. 植物遗传资源学报，11（1）：78-83.

高山，许端祥，林碧英，等 . 2007. 38 份瓠瓜种质资源遗传多样性的 ISSR 分析 [J]. 植物遗传资源学报，8（4）：396-400.

官春云，李方球，李栒，等 . 2003. 双低油菜湘油 15（*B. napus*）对菌核病抗性的研究 [J]. 作物学报，29（5）：715-718.

郭红莲，程根武，陈捷，等 . 2003. 玉米灰斑病抗性反应中酚类物质代谢作用的研究 [J]. 植物病理学报，33（4）：342-346.

郭绍贵，许勇，张海英，等 . 2006. 不同环境条件下西瓜果实可溶性固形物含量的 QTL 分析 [J]. 分子植物育种，4（3）：393-398.

胡建斌，李建吾，梁芳芳，等 . 2009. 黄瓜叶绿体基因组全序列微卫星分布特征与标记开发 [J]. 细胞生物学杂志，31（1）：69-74.

胡建斌，李建吾 . 2008. 黄瓜基因组 EST-SSRs 的分布规律及 EST-SSR 标记开发 [J]. 西北植物学报，28（12）：2429-2435.

胡建斌，李建吾 . 2009. 甜瓜 EST-SSR 位点信息及标记开发 [J]. 园艺学报，36（4）：513-520.

胡婷丽，李魏，刘雄伦，等.2014.泛素化在植物抗病中的作用［J］.微生物学通报，41（6）：1175-1179.

黄琼.2008.新疆甜瓜果实绿色条纹性状 AFLP 标记的初步筛选［D］.乌鲁木齐：新疆大学.

简令成，孙德兰，施国雄，等.1986.不同柑橘种类叶片组织的细胞结构与抗寒性的关系［J］.园艺学报，13（3）：163-166.

江彤，杨建卿，高明，等.2006.不同抗病性烟草罹黑胫病后几种酶的活性及丙二醛含量的变化［J］.安徽农业大学学报，33（2）：218-221.

蒋道伟，司龙亭.2010.不同抗性黄瓜自交系接种白粉病原菌后生理特性的变化［J］.西北农业学报，19（8）：161-165.

蒋苏，袁晓君，潘俊松，等.2008.利用重组自交系群体对黄瓜侧枝相关性状进行 QTL 定位分析［J］.中国科学，38（10）：982-990.

景岚，王丽芳，康俊.2008.不同抗性的向日葵品种接种锈菌后叶片中可溶性蛋白、可溶性总糖及叶绿素含量的变化［J］.临沂师范学院学报，30（6）：76-80.

阚光锋，张广民，房保海，等.2002.烟草野火病菌（*Pseudomonas syringae* pv. *tabaci*）对烟草细胞内 5 种防御酶系统的影响［J］.山东农业大学学报（自然科学版），33（1）：28-31.

康立功，齐凤坤，许向阳，等.2010.番茄叶片蜡质和角质层与芝麻斑病菌侵染的关系［J］.中国蔬菜，（18）：47-50.

柯杨，朱海云，李勃，等.2016.瓜类白粉病的生物防治研究进展［J］.微生物学杂志，36（1）：106-112.

柯玉琴，潘廷国，方树民.2002.青枯菌侵染对烟草叶片 H_2O_2 代谢、叶绿素荧光参数的影响及其与抗病性的关系［J］.中国生态农业学报，10（2）：36-39.

李丹丹.2010.黄瓜耐弱光遗传特性及 QTL 定位研究［D］.沈阳：沈阳农业大学.

李海英，刘亚光，杨庆凯.2002.大豆叶片结构与灰斑病抗性的研究Ⅱ大豆叶片组织结构与灰斑病抗性的关系［J］.中国油料作物学报，24（2）：58-60，66.

李海英，倪红涛，杨庆凯.2001.大豆叶片结构与灰斑病抗性的研究Ⅰ大豆叶片气孔密度、茸毛密度与灰斑病抗性的关系［J］.中国油料作物学报，23（3）：52-53，56.

李合生 . 2000. 现代植物生理生化试验原理与技术 ［M］. 北京：高等教育出版社.

李靖, 利容千, 袁文静 . 1991. 黄瓜感染霜霉病菌叶片中一些酶活性的变化 ［J］. 植物病理学报, 21 （4）：277-283.

李森, 檀根甲, 李瑶, 等 . 2005. 猕猴桃品种对细菌性溃疡病的抗性机制 ［J］. 植物保护学报, 32 （1）：37-42.

李森 . 2003. 猕猴桃品种对溃疡病的抗性及其机理研究 ［D］. 合肥：安徽农业大学.

李妙, 王校栓, 李延增, 等 . 1993. 不同抗枯萎病类型棉花品种超氧物歧化酶和过氧化物酶活性研究 ［J］. 华北农学报, 8 （增刊）：119-122.

李明岩, 屈淑平, 崔崇士 . 2007. 利用酶活性鉴定南瓜对白粉病菌抗病性的研究 ［J］. 东北农业大学学报, 38 （6）：737-741.

李楠 . 2008. 黄瓜分子遗传图谱构建与整合 ［D］. 兰州：甘肃农业大学.

李淑菊, 马德华, 庞金安, 等 . 2003. 黄瓜感染黑星病菌后的生理变化及抗病性的产生 ［J］. 华北农学报, 18 （3）：74-77.

李斯更, 沈镝, 刘博, 等 . 2013. 基于黄瓜基因组重测序的 InDel 标记开发及其应用 ［J］. 植物遗传资源学报, 14 （2）：278-283.

李效尊, 袁晓君, 蒋苏, 等 . 2007. 黄瓜序列特征性扩增区域标记 （SCAR） 的开发 ［J］. 分子植物育种, 5 （3）：393-402.

李效尊 . 2007. 黄瓜重要性状的 QTL 定位与分析 ［D］. 上海：上海交通大学.

李应霞 . 2004. 小麦抗白粉病机理的初步研究 ［D］. 武汉：华中农业大学.

李征 . 2010. 黄瓜单性花控制 M/m 基因的克隆与功能分析 ［D］. 上海：上海交通大学.

梁炫强, 周桂元, 潘瑞炽 . 2003. 花生种皮蜡质和角质层与黄曲霉侵染和产毒的关系 ［J］. 热带亚热带植物学报, 11 （1）：11-14.

林茂松, 贺丽敏, 文玲, 等 . 1996. 甘薯形态结构对茎线虫病的抗性机制 ［J］. 中国农业科学, 29 （3）：8-12.

林婷婷, 王立, 张琳 . 2014. 不结球白菜叶绿素含量的主基因+多基因混合遗传分析 ［J］. 南京农业大学学报, 37 （5）：34-40.

林晓萍 . 2005. 白粉病侵染对苜蓿叶片叶绿素含量的影响 ［J］. 甘肃农业科技 （7）：63-64.

刘传奇, 高鹏, 栾非时 . 2014. 西瓜遗传图谱构建及果实相关性状 QTL 分析 ［J］. 中国农业科学, 47 （14）：2814-2829.

刘桂丰 . 2004. 遗传学试验原理与技术 [M]. 哈尔滨：东北林业大学出版社.

刘会宁，朱建强，万幼新 . 2001. 几个欧亚种葡萄品种对霜霉病的抗性鉴定 [J]. 上海农业学报，17（3）：64-67.

刘龙洲，蔡润，袁晓君，等 . 2008 黄瓜抗白粉病 QTL 分子标记定位 [J]. 中国科学，38（9）：851-856.

刘龙洲 . 2008. 黄瓜白粉病抗性遗传分析和基因定位研究 [D]. 上海：上海交通大学.

刘苗苗 . 2010. 黄瓜霜霉病、白粉病抗病基因的 QTL 定位 [D]. 哈尔滨：东北农业大学.

刘鹏，吴海滨，龚浩，等 . 2014. 利用黄瓜、甜瓜和西瓜 SSR 开发葫芦科作物穿梭标记 . [J] 分子植物育种，12（6）：1201-1208.

刘普，施园园，薛程，等 . 2014. 梨树腐烂病抗性种质筛选及相关生理生化特性研究 [J]. 西北植物学报，34（6）：1164-1172.

刘识 . 2012. 西瓜果实糖含量遗传分析及 QTL 定位 [D]. 哈尔滨：东北农业大学.

刘亚光，李丽清，马景生，等 . 2001. 感染大豆灰斑病菌后不同抗性的大豆品种叶绿素动态变化的研究 [J]. 大豆科学，20（1）：49-53.

刘镇东 . 2012. 山葡萄高密度分子遗传图谱构建及抗寒性 QTL 定位研究 [D]. 沈阳：沈阳农业大学.

刘政国 . 2008. 苦瓜杂种优势及其与遗传距离相关的研究 [D]. 长沙：湖南农业大学.

卢浩，王贤磊，高兴旺，等 . 2015. 甜瓜'PMR6'抗白粉病基因的遗传及其定位研究 [J]. 园艺学报，42（6）：1121-1128.

罗玉明，张晓燕，华春 . 2000. 大麦黄花叶病抗性机理的初步研究 [J]. 南京师大学报（自然科学版），23（4）：93-96.

马海财，马雄，柳剑丽，等 . 2010. 利用 SSR 分子标记构建甜瓜遗传图谱 [J]. 福建农林大学学报（自然科学版），39（1）：47-52.

马鸿艳 . 2011. 甜瓜白粉病抗性遗传分析及相关基因 SSR 标记 [D]. 哈尔滨：东北林业大学.

马奇祥，何家泌 . 1992. 不同抗性小麦品种感染根腐叶斑病前后生化特性的研究 [J]. 河南农业大学学报，26（1）：38-43.

马小军，汪小全，蔡美琳，等 . 1999. 野山参微量 DNA 提取方法的研究 [J]. 中国中药杂志，45（4）：205-207.

蒙进芳，李永和，周兴国，等 . 2006. 茶藨子叶表皮结构与抗茶藨生柱锈菌

感染的相关性研究 [J]. 西南林学院学报, 26 (2): 10-14.

蒙进芳, 王曙光, 普晓兰. 2006. 华山松针叶表皮结构与抗疱锈病关系 [J]. 中南林学院学报, 26 (2): 43-46.

米军红. 2013. 苦瓜抗白粉病基因的分子标记筛选及初步定位 [D]. 南宁: 广西大学.

米军红, 尚小红, 周生茂, 等. 2013. 苦瓜抗白粉病 SRAP 标记筛选的 PCR 体系优化与验证. 南方农业学报, 44 (6): 898-902.

牟建英, 钱玉梅, 张兴伟. 2013. 烟草白粉病抗性基因的遗传分析 [J]. 植物遗传资源学报, 14 (4): 668-672.

宁雪飞, 王贤磊, 高兴旺, 等. 2013. 甜瓜白粉病抗性基因遗传分析及定位 [J]. 生物技术, 23 (6): 67-72.

潘俊松, 王刚, 李效尊, 等. 2005. 黄瓜 SRAP 遗传图谱构建及始花节位的基因定位 [J]. 自然科学进展, 15 (2): 167-172.

潘俊松. 2006. 黄瓜性型的遗传分析与基因定位 [D]. 上海: 上海交通大学.

任毅. 2009. 黄瓜高密度 SSR 遗传图谱构建及其应用 [D]. 北京: 中国农业科学院.

沙爱华, 黄俊斌, 林兴华, 等. 2004. 水稻白叶枯病成株抗性与过氧化氢含量及几种酶活性变化的关系 [J]. 植物病理学报, 34 (4): 340-345.

邵登魁. 2006. 油菜抗白粉病鉴定及相关的生理生化特性研究 [D]. 兰州: 甘肃农业大学.

邵元健. 2006. 质量性状和数量性状含义的辨析 [J]. 生物学杂志, 4 (23): 55-57.

沈丽平, 徐强, MOUAMMAR, 等. 2011. 黄瓜白粉病抗性遗传模型分析 [J]. 江苏农业学报, 27 (2): 361-365.

沈丽平. 2009. 黄瓜白粉病抗性遗传分析及相关 QTL 初步定位 [D]. 扬州: 扬州大学.

沈文飚, 徐朗莱, 叶茂炳, 等. 1996. 抗坏血酸过氧化物酶活性测定的探讨 [J]. 植物生理学通讯, 32 (3): 203-205.

盛云燕, 土彦宏, 栾非时. 2011. SSR 与 AFLP 标记在甜瓜连锁图谱上的分布 [J]. 中国蔬菜 (8): 39-45.

史凤玉, 朱英波, 李海潮, 等. 2008. 野生大豆叶片形态结构与抗病毒病关系的研究 [J]. 大豆科学, 27 (1): 52-55, 60.

苏彦宾. 2015. 结球甘蓝高密度遗传图谱构建及耐裂球、球色、球形基因定位 [J]. 北京: 中国农业大学.

粟建文，胡新军，袁祖华，等 .2007. 苦瓜白粉病抗性遗传规律研究［J］. 中国蔬菜（9）：24-26.

孙月丽，于秋香，徐继忠 .2011. 皮孔的组织结构与苹果枝干轮纹病抗性的关系［J］. 河北农业大学学报，34（6）：55-59.

唐鑫，张海英，许勇，等 .2011. 西瓜和甜瓜的 SSR 引物对三种瓜类作物的通用性分析［J］. 分子植物育种，9（6）：760-764.

田桂丽，张圣平，宋子超，等 .2015. 黄瓜果皮蜡粉量遗传分析及 QTL 定位［J］. 中国农业科学，48（18）：3666-3675.

田丽波，商桑，李丹丹，等 .2015. 苦瓜白粉病抗性的主基因+多基因混合遗传模型分析［J］. 热带作物学报，36（9）：1640-1645.

田丽波，商桑，杨衍，等 .2013. 苦瓜叶片结构与白粉病抗性的关系［J］. 西北植物学报，33（10）：2010-2015.

田丽波，杨衍，商桑，等 .2015. 不同苦瓜品系的抗白粉病能力及其与防御酶活性的相关性［J］. 沈阳农业大学学报，46（3）：284-291.

汪红，刘辉，袁红霞，等 .2001. 棉花黄萎病不同抗性品种接菌前后体内酶活性及酚类物质含量的变化［J］. 华北农学报，16（3）：46-51.

汪自松 .2012. 苦瓜遗传图谱的构建和重要农艺性状的 QTL 分析［D］. 武汉：华中农业大学.

王迪 .2013. 白粉病菌对不同品种甜瓜幼苗生理生化指标的影响［J］. 北方园艺，(9)：148-151.

王刚 .2005. 黄瓜分子标记遗传连锁图构建与重要农艺性状基因定位［D］. 上海：上海交通大学.

王国莉 .2008. 白粉病菌侵染苦瓜的生理机制［J］. 广西植物，28（2）：242-246.

王宏梅，蒋选利，白春微，等 .2009. 小麦两种主要防御酶的变化与抗白粉病的关系［J］. 贵州农业科学，37（4）：78-80.

王惠哲，刘淑菊，霍振荣，等 .2006. 黄瓜感染白粉病菌后的生理变化［J］. 华北农学报，21（1）：105-109.

王建明，张作刚，郭春绒，等 .2001. 枯萎病菌对西瓜不同抗感品种丙二醛含量及某些保护酶活性的影响［J］. 植物病理学报，31（2）：152-156.

王建设，姚建春，刘玲，等 .2007. 利用中国香瓜与哈密瓜的 F2 群体构建 SRAP 连锁遗传图谱［J］. 园艺学报，34（1）：135-140.

王婧，刘泓利，宋超，等 .2012. 甘蓝型油菜叶表皮蜡质组分及结构与菌核病抗性关系［J］. 植物生理学报，48（10）：958-964.

王玲平 . 2001. 黄瓜感染枯萎病菌后生理生化变化及其与抗病性关系的研究
　　[D]. 太谷：山西农业大学.

王培训，黄丰，周联 . 1999. 植物中药材总 DNA 提取方法的比较 [J]. 中药
　　新药与临床药理，10（1）：18-20.

王士伟 . 2010. 基于单核苷酸多态性的甜瓜枯萎病抗性基因 Fom-2 功能性分
　　子标记开发与利用 [D]. 杭州：浙江大学.

王书珍，丁毅 . 2009. 苦瓜基因组 SSR 分子标记引物的开发与利用 [C]. 基
　　因开启未来：新时代的遗传学与科技进步：湖北省遗传学会第八次代表大
　　会暨学术讨论会论文摘要汇编 . 武汉：湖北省遗传学会.

王伟，张军科，王跃进，杜敬，等 . 2010. 白粉菌对葡萄叶片生理特性的影
　　响 [J]. 北方园艺，（9）：14-17.

王贤磊，宁雪飞，高兴旺，等 . 2014. 甜瓜 PMR5 抗白粉病基因的遗传定位
　　[J]. 北方园艺，21：118-122.

王贤磊 . 2011. 甜瓜遗传图谱的构建与抗病基因遗传分析 [D]. 乌鲁木齐：
　　新疆大学.

王雅平，刘伊强，施磊，等 . 1993. 小麦对赤霉病抗性不同品种的 SOD 活性
　　[J]. 植物生理学报，19（4）：353-358.

王振国 . 2007. 黄瓜白粉病抗性基因遗传规律和相关分子标记的研究 [D].
　　哈尔滨：东北农业大学.

魏国强，钱琼秋，朱祝军 . 2004. 黄瓜白粉病抗性及生理机制的研究 [J].
　　华北农学报，19（2）：84-86.

文晓鹏，邓秀新 . 2002. 五种蔷薇属植物基因组 DNA 的提取及鉴定 [J]. 种
　　子，22（6）：18-21.

武喆，李蕾，张婷，等 . 2015. 黄瓜单性结实性状的 QTL 定位 [J]. 中国农
　　业科学，48（1）：112-119.

咸丰，张勇，马建祥，等 . 2010. 野生甜瓜云甜-930 对白粉病抗性的遗传分
　　析 [J]. 西北植物学报，30（12）：2394-2399.

咸丰，张勇，马建祥，等 . 2011. 野生甜瓜'云甜-930'抗白粉病主基因+
　　多基因遗传分析 [J]. 中国农业科学，44（7）：1425-1433.

向道权，黄烈健，曹永国，等 . 2001. 玉米产量性状主基因+多基因遗传效应
　　的初步研究 [J]. 华北农学报，16（3）：1-3.

邢会琴，李敏权，徐秉良，等 . 2007. 过氧化物酶和苯丙氨酸解氨酶与苜蓿
　　白粉病抗性的关系 [J]. 草地学报，15（4）：376-380.

胥爱玲，张亚平，佘长夫 . 1995. 黄瓜抗病性与叶绿素含量的关系及遗传性

研究 [J]. 新疆农业科学 (1)：23-26.

徐秉良, 郁继华. 2003. 草坪草品种抗叶枯病的结构抗病性与病害发生因素 [J]. 草业学报, 12 (1)：80-84.

徐强, 耿友玲, 齐晓花. 2014. 不同栽培环境下黄瓜果实单宁含量主基因-多基因遗传分析 [J]. 江苏农业科学, 42 (12)：194-197.

宣朴, 邓婧, 陈新, 等. 2006. 苦瓜 ISSR 扩增条件优化的研究 [J]. 核农学报, 20 (3)：215-217.

薛莹莹, 孙德玺, 邓云, 等. 2014. 西瓜 NBS 类同源序列的克隆与分析 [J] 中国瓜菜, 27 (增刊)：80.

闫伟丽. 2014. 甜瓜抗白粉病基因定位和相关蛋白的研究 [D]. 乌鲁木齐：新疆大学.

颜惠霞, 徐秉良, 梁巧兰, 等. 2009. 南瓜品种对白粉病的抗病性与叶绿素含量和气孔密度的相关性 [J]. 植物保护, 35 (1)：79-81.

杨大翔. 2005. 遗传学试验 [M]. 北京：北京科学出版社.

杨光道. 2009. 油茶品种对炭疽病的抗性机制研究 [D]. 合肥：安徽农业大学.

杨绪勤, 张微微, 任国良, 等. 2014. 黄瓜 (*Cucumis sativus* L.) 果瘤基因 Tu 的精细定位 [J]. 上海交通大学学报 (农业科学版), 32 (3)：69-74.

姚国新. 2004. 甜瓜分子遗传图谱构建的随机引物筛选及甜瓜遗传多样性研究 [D]. 银川：宁夏大学.

易克, 许勇, 卢向阳, 等. 2004. 西瓜重组自交系群体的 AFLP 分子图谱构建 [J]. 园艺学报, 31 (1)：53-58.

易克. 2002. 西瓜遗传图谱的构建及其重要农艺性状的基因定位 [D]. 长沙：湖南农业大学.

易庆平, 罗正荣, 张青林. 2007. 植物总基因组 DNA 提取纯化方法综述 [J]. 安徽农业科学, 35 (25)：7789-7791.

余文英, 潘廷国, 柯玉琴, 等. 2003. 甘薯抗疮痂病的活性氧代谢研究 [J]. 河南科技大学学报 (农学版), 23 (3)：1-6.

余渝. 2010. 棉花种间群体配子重组率差异、偏分离研究与高密度分子标记遗传连锁图谱构建 [D]. 武汉：华中农业大学.

袁庆华, 桂枝, 张文淑. 2002. 苜蓿抗感褐斑病品种内超氧化物歧化酶、过氧化物酶和多酚氧化酶活性的比较 [J]. 草业学报, 11 (2)：100-104.

袁晓君. 2008. 黄瓜永久群体遗传图谱的构建及花、果相关性状的 QTL 定位 [D]. 上海：上海交通大学.

袁有禄，张天真，郭旺珍，等.2002.棉花品质纤维性状的主基因与多基因遗传分析［J］.遗传学报，29（9）：827-834.

云兴福.1993.黄瓜组织中氨基酸、糖和叶绿素含量与其对霜霉病抗性的关系［J］.华北农学报，8（4）：52-58.

翟艳霞.2006.哈密瓜品种对细菌性果斑病菌的抗性鉴定及抗性机制的研究［D］.呼和浩特：内蒙古农业大学.

张长远，孙妮，胡开林.2005.苦瓜品种亲缘关系的RAPD分析［J］.分子植物育种，3（4）：515-519.

张长远.2008.苦瓜分子遗传图谱构建及QTL的定位［D］.广州：华南农业大学.

张春秋.2012.甜瓜抗白粉病基因Pm-2F的精细定位与克隆［D］.北京：中国农业科学院.

张桂华，杜胜利，王鸣，等.2004.与黄瓜抗白粉病相关基因连锁的AFLP标记的获得［J］.园艺学报，31（2）：189-192.

张海英，葛风伟，王永健，等.2004黄瓜分子遗传图谱的构建［J］.园艺学报，31（5）：617-622.

张海英.2006.黄瓜重要抗病基因的分子标记研究及遗传图谱的构建［D］.北京：中国农业科学院.

张俊华，崔崇士.2003.不同抗性南瓜品种感染*Phytophthora capsici*病菌后几种酶活性测定［J］.东北农业大学学报，34（2）：124-128.

张开京，宋慧，薄凯亮，等.2015.西双版纳黄瓜多心室性状的QTL定位［J］.中国农业科学，48（16）：3211-3220.

张丽，黄学琴，吴全忠，等.2011.黑核桃叶片基因组DNA提取方法比较研究［J］.中国农学通报，27（28）：125-129.

张鹏，周胜军，朱育强，等.2013.基于简化基因组深度测序技术的黄瓜白粉病主效抗性基因精细定位及候选基因挖掘［C］.中国园艺学会黄瓜分会第四届年会论文摘要集.北京：中国园艺学会黄瓜分会.

张仁兵.2003.用重组自交系构建西瓜分子遗传图谱［D］.杭州：浙江大学.

张荣意.2009.热带园艺植物病理学［M］.北京：中国农业科学技术出版社.

张圣平，刘苗苗，苗晗，等.2011.黄瓜白粉病抗性基因的QTL定位［J］.中国农业科学，44（17）：3584-3593.

张素勤，顾兴芳，张圣平，等.2005.黄瓜白粉病抗性遗传机制的研究［J］.园艺学报，32（5）：899-901.

张宪政.1994.植物生理学实验技术［M］.沈阳：辽宁科学技术出版社.

张振贤 . 2003. 蔬菜栽培学［M］. 北京：中国农业大学出版社.

章元明，盖钧镒 . 2000. 数量性状分离分析中分布参数估计的 IECM 算法［J］. 作物学报，26（6）：699-706.

赵光伟，徐永阳，徐志红，等 . 2010. 甜瓜抗白粉病基因 SRAP 分子标记筛选［J］. 西北植物学报，30（6）：1105-1110.

赵秀娟，唐鑫，程蛟文，等 . 2013. 酶活性、丙二醛含量变化与苦瓜抗枯萎病的关系［J］. 华南农业大学学报，34（3）：372-377.

赵玉辉，郭印山，胡又厘，等 . 2010. 应用 RAPD、SRAP 及 AFLP 标记构建荔枝高密度复合遗传图谱［J］. 园艺学报，37（5）：697-704.

郑喜清，胡俊，胡宁宝，等 . 2007. 不同哈密瓜品种对细菌性果斑病的抗性与蜡质的关系［J］. 内蒙古农业大学学报，28（2）：132-134.

周博如，李永镐，刘太国，等 . 2000. 不同抗性的大豆品种接种大豆细菌性疫病菌后可溶性蛋白、总糖含量变化的研究［J］. 大豆科学，19（2）：111-114.

周生茂，尚小红，梁任繁，等 . 2013. 苦瓜抗白粉病 SCAR 分子标记的开发［J］. 南方农业学报，44（10）：1595-1601.

朱键鑫 . 2008. 黄瓜不同品种对白粉病的抗性研究［M］. 扬州：扬州大学.

朱莲，刘应高，李贤伟，等 . 2008. 毛豹皮樟感染白粉病菌后生理生化的变化［J］. 华中农业大学学报，27（1）：41-45.

朱正歌，贾继增，孙宗修 . 2002. AFLP 指纹银染法显带研究［J］. 中国水稻科学，16（1）：71-73.

朱子成，高美玲，高鹏，等 . 2011. 甜瓜结实花初花节位 QTL 分析［J］. 园艺学报，38（9）：1753-1760.

邹芳斌，司龙亭，李新，等 . 2008. 黄瓜枯萎病抗性与防御系统几种酶活性关系的研究［J］. 华北农学报，23（3）：181-184.

邹明学 . 2007. 西瓜 EST-SSR 标记的开发及遗传图谱的构件与整合［D］. 北京：首都师范大学.

Aguiar B M，Vida J B，Tessmann D J，*et al*. 2012. Fungal species that cause powdery mildew in greenhouse-grown cucumber and melon in Paranã State, Brazil［J］. Acta Scientiarum Agronomy，34（3）：247-252.

Ahmed Mliki，Jack E Staub and Sun Zhangyong. 2003. Genetic diversity in African cucumber（*Cucumis sativus* L.）provides potential for germplasm enhancement［J］. Genetic Resources and Crop Evolution，50（5）：461-468.

Baudracco-Arnas S，Pitrat M. 1994. Molecular polymorphism between two

Cucumis melo lines and linkage groups//Lester G E, Dunlap J R Proceedings: Cucurbitaceae 94 – evaluation and enhancement of cucurbit germplasm [M]. Edinburg, Texas. USA: Gateway Printing: 197–200.

Baudracco-Arnas S, Pitrat M. 1996. A genetic map of melon (*Cucumis melo* L.) with RFLP, RAPD, isozyme, discease resistance and morphological markers [J]. Theor Appl Genet, 93 (1): 57–64.

Bradeen J M, Staub J E, Wye C, *et al.* 2001. Towards an expanded and integrated linkage map of cucumber (*Cucumis sativus* L.) [J]. Genome, 44 (1): 111–119.

Braun U, Shishkoff N, Takamatsu S. 2001. Phylogeny of Podosphaera sect. Sphaerotheca subsect. Magnicellulatae (Sphaerotheca fuliginea auct. s. lat.) inferred from rDNA ITS sequence sataxonomic interpretation [J]. Schlechtendalia, 7: 45–52.

Brunom, Moerschbacher, Urstula, *et al.*. 1989. Changes in the level of enzyme activities involved in lignin biosynth ESIS during the temperature sensitive resistant response of wheat (Sr6) to stem rust (P6) [J]. Plant Science (65): 183–190.

Cakmak I and Marschner H. 1992. Magnesium deficiency and highlight intensity enhance activities of superoxide dismutase, ascorbate peroxidase, and glutathione reductase in bean leaves [J]. Plant Physiol, 98 (1): 1222–1227.

Cohen R, Burger Y, Katzir N. 2004. Monitoring physiological races of *Podosphaera xanthii* (syn. *Sphaerotheca fuliginea*), the causal agent of powdery mildew in cucurbits: Factors affecting race identification and the importance for research and commerce [J]. Phytoparasitica, 32 (2): 174–183.

Deleu W, Esteras C, Roig C, *et al.* 2009. A set of EST-SNPs for map saturation and cultivar identification in melon [J]. BMC Plant Biology, 9 (1): 90.

Dicx, Zhang H, Sun Z L, *et al.* 2012. Spatial distribution of polygalacturonase-inhibiting proteins in Arabidopsisand their expression induced by Stemphylium solani infection [J]. Gene, 506 (1): 150–155.

E. Kooistra. 1968. Powdery mildew resistance in cucumber [J]. Euphytica, 17: 236–244.

Fanourakis N E, Simon P W. 1987. Analysis of genetic linkage in the cucumber [J]. Journal of Heredity, 78 (4): 238–242.

Fazio G, Staub J E, Katzir N. 2002. Development and characterization of PCR markers in cucumber, Amer. Soc Ford C M. 1993. Identification of seedless table grape cultivars and a bud sport berry [J]. Hort Science, 17 (3): 366-368.

Fukino N, Ohara T, Monforte A J, *et al.* 2008. Identification of QTLs for resistance to powdery mildew and SSR markers diagnostic for powdery mildew resistance genes in melon (*Cucumis melo* L.) [J]. Theor Appl Genet, 118 (1): 165-175.

Gai J Y and Wang J K. 1998. Identification and estimation of a QTL model and its effects [J]. Theor Appl Genet, 97 (7): 1162-1168.

Gai J Y. 2006. Segregation analysis on genetic system of quantitative traits in plants [J]. Frontiers of Biology in China, 1 (1): 85-92.

Garcia-Mas J, Benjak A, Sanseverrino W, *et al.* 2012. The genome of melon (*Cucumis melo* L.) [J]. Proceedings of the National Academy of Sciences of the United States of America, 109: 11872-11877.

Gonzalo M J, Oliver M, Garcia-Mas J, *et al.* 2005. Simple-sequence repeat markers used in merging linkage maps of melon (*Cucumis meto* L.) [J]. Theor Appl Genet. 110 (5): 802-811.

Gupta P K, Rustgi S, Sharma S, *et al.* 2003. Transferable EST-SSR markers for the study of polymorphism and genetic diversity in bread wheat, [J]. Molecular Genetics and Genomics, 270 (4): 315-323.

Halliwell B. 1981. Chloroplast metabolism: the structure and function of chloroplasts in green leaf cells [M]. Oxford : Clarendon Press.

Hartley M R, Lord J M. 2004. Cytotoxic ribosome-inactivating lectins from plants [J]. Biochim Biophys Acta, 1701 (1-2): 1-14.

Hashizume T H, Shimamoto I S, Hirai M H. 2003. Construction of a linkage map and QTL analysis of horticultural traits for watermelon [*Citrullus lanatus* (Thunb.) Matsum & Nakai] using RAPD, RFLP and ISSR makers [J]. Theoretical and Applied Genetics, 106 (5): 779-785.

Hashizume T. , Shimamoto L, Harusim. 1996. Construction of a linkage map for watermelon using RAPD [J]. Euphytica, 90: 265-273.

Horsfall M P. 1953. Soluble sugar content changes and their role in the resistance of potatoes against phytopathora infestans [J]. Biokhimiya, 12: 141-152.

Johnston H W, Sproston T J R. 1965. The inbitition of fungus infection pegs in *Ginkgo biloba* [J]. Phytopathology, 55 (2): 225-227.

Johnstone G B and Bailey L B. 1985. Resistance to fungalpenetration in ramineae [J]. Phytopathology, 70: 273-279.

Kandpal R P, Kandpal G, Weissman S M. 1994. Construction of libraries enriched for sequence repeats and jumping clones, and hybridization selection for region-specific markers [J]. Journal of the American Society for Horticultural Science, 91 (1): 88-92.

Kennard W C and Havey M J. 1995. Quantitative trait analysis of fruit quality in cucumber QTL detection, confirmation and comparison with mating-design variation [J]. Theor Appl Genet, 91 (1): 53-61.

Kennard W C, Poetter K, Dijkhuizen A, et al. 1994. Linkages among RFLP, RAPD, isozyme, disease-resistance, and morphological markers in narrow and wide crosses of cucumber [J]. Theor Appl Genet, 89 (1): 42-48.

Kianian S F and Quiros C F. 1992. Generation of a Brassica olera-cea composite RFLP map: linkage arrangements among various populations and evolutionary implications [J]. Theor Appl Genet, 84 (5-6): 544-554.

Knerr L D, Staub J. E, Holder D J, et al. 1989. Genetic diversity in Cucumis sativus L. assessed by variation at 18 allozyme coding loci [J]. Theor Appl Genet, 78: 119-128.

Kole C, Bode A Olukolu, Kole P K, et al. 2012. The First Genetic Map and Positions of Major Fruit Trait Loci of Bitter Melon (Momordica charantia) [J]. Plant Science & Molecular Breeding, 1 (1): 1-6.

Levi A, Thomas C E, Trebitsh T, et al. , 2006. extended linkage map for watermelon based on SRAP, AFLP, SSR, ISSR, and RAPD markers [J]. Journal of the American Society for Horticultural Science American Society for Horticultural Science, 131 (3): 393-402.

Li X Z, Pan J S, Wang G, et al. 2005. Localization of genes for lateral branch and female sex expression and construction of a molecular linkage map in cucumber (Cucumis sativus L.) with RAPD markers [J]. Progress in Natural Science, 15 (2): 143-148.

Li X Z, Yuan X J, Jiang S, et al. 2008. Detecting QTLs for plant architecture traits in cucumber (Cucumis sativus L.) [J]. Breeding Science, 58 (4): 453-460.

Liu L Z, Yuan X J, Cai R, et al. 2008. Quantitative trait loci for resistance to powdery mildew in cucumber under seeding spray inoculation and leaf disc infection [J]. Phytopathology, 156 (11-12): 691-697.

Lyttle T W. 1991. Segregation distorters [J]. Annu Rev Genet, 25 (1): 511-557.

Manoranja K. 1976. Catalase, peroxidase, polyphenol oxidase activities during rice leaf senescence [J]. Plant Physiology, 57 (2): 315-319.

Marie Garmier, Christelle Dutilleul, Chantal Mathieu, et al. 2002. Changes in Antioxidant Expression and Harpin-induced Hypersensitive Response in a Nicotiana Sylvestris Mitochondrial Mutant [J]. Plant Physiol Biochem, 40 (6-8): 561- 566.

McGrath M T. 2001. Fungicide resistance in cucurbit powdery mildew: experiences and challenges [J]. Plant Disease, 85 (3): 236-245.

McGrath M T. 2004. Diseases of cucurbits and their management/ /Diseases of Fruits and Vegetables Volume I [M]. Springer Netherlands.

Meglic V, Staub J E. 1996. Inheritance and linkage relationships of isozyme and morphological loci in cucumber (Cucumis sativus L.) [J]. Theor Appl Genet, 92 (7): 865-872.

Mei H W, LiZ K, ShuQ Y. 2005. Gene actions of QTLs affect-ing several agronomic traits resolved in a recombinant inbred rice population and two backcross populations [J]. Theor Appl Genet, 110: 649-659.

Morishita M, Sugiyama K, Saito T. 2003. Powdery mildew resistance in cucumber [J]. Japan Agricultural Research Quarterly, 37 (1): 7-14.

Nadoy L and Sequeira L. 1980. Increase in peroxidase activity is not directly involved in induced resistance in tobacco [J]. Physiol Plant Pathol, 16: 1-8.

Navot N, Zamir D. 1986. Linkage relationships of 19 protein-coding genes in watermelon. Theor Appl Genet, 72 (2): 274-278.

Park Y H, Sensoy S, Wye C, et al. 2000. A genetic map of cucumber composed of RAPDs, RFLPs, AFLPs, and loci conditioning resistance to papaya ring spot and zucchini yellow mosaic viruses [J]. Genome, 43 (6): 1003-1010.

Perchepied L, Bardin M, Dogimont C. 2005. Relationship between loci conferring downy mildew and powdery mildew resistance in melon assessed by quantitative trait loci mapping [J]. phytopathology, 95 (5): 556-565.

Périn C, Hagen LS, De Conto V, et al. 2002. A reference map of Cucumis melo based on two recombinant inbred line populations [J]. Theor Appl Genet, 104 (6): 1017-1034.

Pitrat M. 1991. Linkage groups in Cucumis melo L. [J]. J Hered, 82: 406-411.

Raa J. 1973. Cytochemical localization of peroxidase in plant cells [J]. Physiol

Plant, 28: 132-133.

RenY, Zhang Z H, Liu J H, et al. 2009. An Integrated Genetic and Cytogenetic Map of the Cucumber Genome [J]. Plos One, 4 (6): 1-8.

Sakata Y, Kubo N and Morishita M. 2006. QTL analysis of powdery mildew resistance in cucumber (Cucumis sativus L.) [J]. Theoretical and Applied Genetics, 112 (2): 243-250.

Serquen F C, Bacher J and Staub J E. 1997. Mapping and QTL analysis of horticultural traits in a narrow cross in cucumber using random - amplified polymorphic DNA markers [J]. Mol. Breed, 3 (4): 257-268.

Shanm ugasundarutn S, W illiam SP H, Peterson C E. 1972. A recessive cotyledon marker gene in cucumber with pleiotropic effects [J]. Hort-Science, 7: 555-556.

Shetty A K, Kumar G S and Salimath P V. 2005. Bitter gourd (Mo-mordica charantia) modulates activities of intestinal and renal disaccharidases in streptozotocin-induced diabetic rats [J]. Molecular Nutrition and Food Research, 49 (8): 791-796.

Siwecki R. 1980. Resistance mechanisms in interactions between poplars and rust [J]. Resistance to Diseases and Pests In forest Trees, 130-142.

Soller M and Beckmann J S. 1990. Marker-based mapping of quantiative trait loci using replicated progenies, Theor [J]. Appl Genet, 80 (2): 1205-1208.

Sun Z D, Gai J Y, Cui Z L. 1999. Preliminary studies on inheritance of resistance of soybeans to leaf-feeding insects [J]. Soybean Sci, 18 (4): 300-305.

Sun Z D, Gai J Y. 2000. Studies on the inheritance of resistance to cotton worm Prodenia litura (Fabricius) [J]. Acta Agron Sin, 26 (3): 341-346.

Sun Z, Staub J E, Chung S M, et al. 2006. Identification and comparative analysis of quantitative trait loci associated with parthenocarpy in processing cucumber [J]. Plant Breeding, 125 (3): 281-287.

Szalai K, Schll I and Frster - waldl E. 2005. Occupational sensitization to ribosome-inactivating proteins in researchers [J]. Clinical and Experimental Allergy, 35 (10): 1354-1360.

Vakalounakis D J, Klironomou E, Papadakis A. 1994. Species spectrum, host range and distribution of powdery mildews on Cucurbitaceaein Crete [J]. Plant Pathology, 43: 813-818.

Wang G, Pan J S, Li X Z, et al. 2005. Construction of a cucumber genetic linkage map with SRAP markers and location of the genes for lateral branch traits [J]. Science in China Series C-Life Sciences. 48 (3): 213-220.

Wang Z S, Xiang C P. 2013. Genetic mapping of QTLs for horticulture traits in a F_{2-3} population of bitter gourd (*Momordica charantia* L.) [J]. Euphytica, 193 (2): 235-250.

Yagi M, Yamamoto T, Isobe S, *et al.* 2014. Identification of tightly linked SSR markers for flower type in carnation (*Dianthus caryophyllus* L.) [J]. Euphytica, 198 (2): 175-183.

Yamamoto T, Kuboki Y, Lin S Y. 1998. Fine mapping of quanti-tative trait loci Hd-1, Hd-2 and Hd-3, controlling heading date of rice as single Mendelian factors [J]. Theor Appl Genet, 97: 37-44.

Yan Z, Denneboom C, Hattendorf A, *et al.* 2005. Construction of an integrated map of rose with AFLP, SSR, PK, RGA, RFLP, SCAR and morphological niarkers [J]. Theor Appl Genet, 110 (4): 766-777.

Yuan X J, Li X Z, Pan J S, *et al.* 2008. Genetic linkage map construction and location of QTLs for fruit-related traits in cucumber [J]. Plant Breeding, 127 (2): 180-188.

Yustelisbona F J, Capel C, Capel J, *et al.* 2008. Conversion of an AFLP fragment into one dCAPS marker linked to powdery mildew resistance in melon [C]. Cucurbitaceae, Proceedings of the IXth EUCARPIA meeting on genetics and breeding of Cucurbitaceae (Pitrat M, ed), INRA, Avignon (France), May 21-24th: 143-148.

Y. Nakano, K. Asada. 1981. Hydrogen Peroxide Is Scavenged by Ascorbate Specific Peroxidase in Spinach Chloroplasts [J]. Plant Cell Physiology, 22 (5): 867-880.

Zhang J J, Shu Q Y, Liu Z A, *et al.* 2012. Two EST-derived marker systems for cultivar identification in treepeony [J]. Plant Cell Reports, 31 (2): 299-310.

Zhang W W, Pan J S, He H L, *et al.* 2012. Construction of a high density integrated genetic map for cucumber (*Cucumis sativus* L.) [J]. Theor Appl Genet, 124 (2): 249-259.

Zhang Y X, Wang L H, Xin H G, *et al.* 2013. Construction of a high-density genetic map for sesame based on large scale marker development by specific length amplified fragment (SLAF) sequencing [J]. BMC Plant Biology, 13 (1): 141-152.

附　录

附录 I

SRAP 引物序列

本研究所用的 SRAP 引物序列

上游引物 Forward primers （5′→3′）		下游引物 Reverse primers （5′→3′）	
ME1	TGAGTCCAAACCGGATA	EM1	GACTGCGTACGAATTAAT
ME2	TGAGTCCAAACCGGAGC	EM2	GACTGCGTACGAATTTGC
ME3	TGAGTCCAAACCGGAAT	EM3	GACTGCGTACGAATTGAC
ME4	TGAGTCCAAACCGGACC	EM4	GACTGCGTACGAATTTGA
ME5	TGAGTCCAAACCGGAAG	EM5	GACTGCGTACGAATTAAC
ME6	TGAGTCCAAACCGGAAA	EM6	GACTGCGTACGAATTGCA
ME7	TGAGTCCAAACCGGACC	EM7	GACTGCGTACGAATTCAA
ME8	TGAGTCCAAACCGGAGC	EM8	GACTGCGTACGAATTCTG
ME9	TGAGTCCAAACCGGAAG	EM9	GACTGCGTACGAATTGAT
ME10	TGAGTCCAAACCGGAAT	EM14	GACTGCGTACGAATTCAG
ME11	TGAGTCCAAACCGGACT	EM18	GACTGCGTACGAATTCCT
ME21	TGAGTCGTATCCGGACT	SA4	TTCTTCTTCCTGGACACAAA
ME22	TGAGTCGTATCCGGAGT	GA18	GGCTTGAACGAGTGACTGA
ME23	TGAGTCGTATCCGGAAG	SA7	CGCAAGACCCACCACAA
DC1	TAAACAATGGCTACTCAAG	SA14	TTACCTTGGTCATACAACATT
PM8	CTGGTGAATGCCGCTCT	SA17	ATAAGAATCAGCAGACGCAT
E6	GACTGCGTACCAATTCACG	SA18	ACGAGTTGCGGAAGTGG
E7	GACTGCGTACCAATTCAGC	GA2	TTGAACTGGCAGAAAGGGT
E8	GACTGCGTACCAATTCAGG	GA33	GTTATGGGAAATTAGGTGAG
E9	GACTGCGTACCAATTCGNA	OD3	CCAAAACCTAAAACCAGGA
E10	GACTGCGTACCAATTCGNT	OD15	GCGAGGATGCTACTGGTT
E11	GACTGCGTACCAATTCGNC	OD17	GTTAGTATCAAGGTTAGAGTT
E17	GACTGCGTACCAATTCCG	M42	GATGAGTCTAGAACGAGT
E18	GACTGCGTACCAATTCCT	MSP14	GATGAGTCTAGAACGGAT
E20	GACTGCGTACCAATTCGC	MSP15	GACTGCGTACCAATTCCA
E23	GACTGCGTACCAATTCTA	MSP24	GATGAGTCTAGAACGGTG
E24	GACTGCGTACCAATTCTC	M18	GATGAGTCTAGAACGGCT
E25	GACTGCGTACCAATTCTG	M33	GATGAGTCTAGAACGAAG
E26	GACTGCGTACCAATTCTT	M38	GATGAGTCTAGAACGACT
		M42	GATGAGTCTAGAACGAGT
		M44	GATGAGTCTAGAACGATC
		M15	GATGAGTCTAGAACGGCA
		Msp25	GATGAGTCTAGAACGGTG

附录 Ⅱ

1 SRAP-PCR 反应体系及扩增体系

上下游引物各 0.5μmol/L，*Taq* 酶 0.5U，dNTPs 0.3mmol/L，MgCl$_2$ 2.0mmol/L，1×缓冲液，基因组 DNA 30ng，总体积 10μL。PCR 扩增程序为：94℃预变性，3min；94℃变性，30s；35℃ 30s；72℃ 1.5min，8 个循环；94℃变性，30s；50℃ 30s；72℃ 1.5min，35 个循环，72℃ 5min。

2 SRAP-PCR 产物检测

扩增产物采用 4%变性聚丙烯酰胺凝胶电泳分离。扩增产物中加入 10μL DNA Loading Buffer，混匀后在 95℃下变性 5min，取出后立即放置于冰上冷却。每样品上样 8μL，电泳缓冲液为 1×TBE，45 W 恒功率，电泳 1.5~2h 直到二甲苯青指示剂距离凝胶底部约 1/3 处。

3 银染

银染方法为：电泳停止后，小心分开两块玻璃板，将带胶的玻璃板放入固定/终止液（10%冰醋酸、1%无水乙醇）中，在摇床上轻轻摇动至指示剂颜色褪去；用去离子水洗 3~5min；将冲洗后的胶板放入染色液中（2g/L AgNO$_3$）摇动 0.5h，临用前加入 3mL 甲醛；将染色后的胶板放入去离子水中漂洗 5s 后放入装有预冷的显影液（15g/L 的 NaOH，0.5%的甲醛溶液，甲醛在用前加入）的塑料盒中，轻轻摇动至条带清晰；将胶板迅速转移入固定/终止液中，2~3min 后终止显影并固定影像，放入自来水中冲洗 3min；室温下干燥，干燥后用 Image ScannerⅢ扫描照相。

缩略语表
Abbreviation

英文缩写 English abbreviations	英文全称 English full names	中文全称 Chinese full names
AIC	Akaike's information criterion	模型选择信息量准则
AsA	Ascorbic acid	抗坏血酸
CAT	Catalase	过氧化氢酶
CIM	Composite interval mapping	复合区间作图法
cM	CentiMorgans	厘摩
CTAB	Cetyl trimethyl ammonium bromide	十六烷三甲基溴化铵
DH	Doubled haploid	双单倍体
dNTP	Deoxy ribonucleotide 5' triphosphate	脱氧核糖核苷酸5'三磷酸
DPS	Data processing system	数据处理系统
EST	Expressed sequence tag	表达序列标签
$F_{2:3}$	The third filial generation	$F_{2:3}$家系
InDel	Insertion-deletion	插入缺失标记
ISSR	Inter-simple sequence repeats	简单序列重复区间
LG	Linkage group	连锁群
MAS	Marker-assisted selection	标记辅助选择
NILs	Near isogenic lines	近等基因系
PAGE	Polyacrylamide gel electro-phoresis	聚丙烯酰胺凝胶电泳
PAL	L-phenylalanin ammonia-lyase	苯丙氨酸解氨酶
PAX	Aseorbateperoxidase	抗坏血酸过氧化物酶
PCR	Polymerase chain reaction	多肽链反应
POD	Peroxidase	过氧化物酶
PPO	Polyphenol oxidase	多酚氧化酶
QTG	Quantitative traits genes	数量性状基因
QTL	Quanative trait loci	数量性状基因位点
RIL	Recombinant inbred lines	重组自交系
SAS	Statistics analysis system	统计分析系统
SNP	Single nucleotide polymorphism	单核苷酸多态性
SOD	Superoxide dismutase	超氧化物歧化酶
SRAP	Sequence-related mplified polymorphism	序列相关扩增多态性
SSR	Simple sequence repeat	简单序列重复